江苏省自然科学基金青年基金项目(BK20200172)资助
江苏省高等学校自然科学研究面上项目(19KJB430037)资助
国家自然科学基金青年基金项目(51601218)资助
徐州市创新能力建设计划项目(KC18241)资助
江苏省高校优秀创新团队项目(复杂环境工程结构安全)资助
徐州工程学院学术著作出版基金资助

基于弹黏塑性自洽模型的 HCP 材料塑性变形机制研究

马　超　郭晓倩　张连英　茅献彪　著

中国矿业大学出版社
·徐州·

内 容 提 要

本书共分 7 章,主要讲述了考虑孪生行为的弹黏塑性自洽模型,并利用该模型分别对镁合金和钛合金在单调加载、加载-卸载-反向加载条件下的塑性变形行为进行了模拟和预测,系统分析了上述两种 HCP 材料塑性变形中的滑移/孪生机制。本书结构紧凑,内容合理,可供固体力学、金属材料等相关领域人员参考使用。

图书在版编目(C I P)数据

基于弹黏塑性自洽模型的 HCP 材料塑性变形机制研究 / 马超等著. —徐州 : 中国矿业大学出版社,2020.11
   ISBN 978 - 7 - 5646 - 4587 - 8

   Ⅰ. ①基… Ⅱ. ①马… Ⅲ. ①金属材料－塑性变形－研究 Ⅳ. ①TG111.7

   中国版本图书馆 CIP 数据核字(2020)第 206887 号

书　　名	基于弹黏塑性自洽模型的 HCP 材料塑性变形机制研究
著　者	马　超　郭晓倩　张连英　茅献彪
责任编辑	章　毅
出版发行	中国矿业大学出版社有限责任公司
	(江苏省徐州市解放南路　邮编 221008)
营销热线	(0516)83884103　83885105
出版服务	(0516)83995789　83884920
网　址	http://www.cumtp.com　**E-mail**:cumtpvip@cumtp.com
印　刷	江苏淮阴新华印务有限公司
开　本	787 mm×1092 mm　1/16　**印张** 10　**字数** 220 千字
版次印次	2020 年 11 月第 1 版　2020 年 11 月第 1 次印刷
定　价	40.00 元

(图书出现印装质量问题,本社负责调换)

前　言

　　相对于立方晶体结构的金属材料（钢材、铝及铝合金等），具有密排六方（HCP）晶体结构的金属材料对称性低，独立的滑移系少，其塑性变形机制中孪生-退孪生行为尤为明显，研究成果相对较少。镁合金和钛合金为典型的 HCP 材料，具有立方金属无法比拟的优越性能，在国防工业及工程结构轻量化技术中有广阔的应用前景。本书以镁合金和钛合金为研究对象，综合运用试验研究和数值模拟等方法和手段，借助考虑孪生-退孪生行为的弹黏塑性自洽（EVPSC-TDT）模型，对镁合金和钛合金在单调加载、加载-卸载-反向加载中的塑性变形机制进行了系统的研究。主要工作和研究成果如下：

　　（1）借助 AGX-50 kN 试验机，开展了镁合金 AZ31 轧制板材大应变单调加载试验，得到了沿轧制方向（RD）、板材横向（TD）、板厚方向（ND）和 RD-ND 面内 45°方向单调拉伸和压缩的应力-应变曲线。借助 MTS809 疲劳试验系统，进行了镁合金 AZ31 轧制板材沿 RD 的大应变压缩-卸载-拉伸试验，得到了 3 种预压缩应变下的应力-应变曲线，并通过电子背散射衍射（EBSD）技术，测试得到了镁合金压缩-卸载-拉伸过程中的织构演化规律。

　　（2）开展了镁合金大应变单调加载的数值模拟，分析得到了沿 RD、TD、ND 和 RD-ND 面内 45°方向单调拉伸和压缩的应力-应变曲线、织构演化、孪晶体积分数的变化规律，结果表明：基面滑移是最易开启的滑移系，为镁合金主导的塑性变形机制；$\{10\bar{1}2\}$ 拉伸孪生是引起镁合金面内压缩各向异性和拉压不对称性的主要原因；孪生耗尽的晶粒数量与硬化率随应变的变化规律一致，两者上升至峰值后又逐渐降低，且峰值所处的应变位置基本吻合，揭示了镁合金硬化的孪生机制。开发了由施密特因子排序的孪生变体体积分数专用分析软件，得到了各孪生变体体积分数的分布特征，揭示了沿面内压缩及 ND 拉伸的织构演化机制。模拟结果与试验结果具有很好的印证性。

　　（3）依据退孪生分解剪切应力 CRSS 值小于孪生的试验分析结果，引入了退孪生 CRSS 的弱化参数 k，改进了 EVPSC-TDT 模型，模拟得到了 3 种预压缩应变下反向拉伸应力-应变曲线、孪晶体积分数及各滑移/孪生系的相对开启率。结果表明：预压缩应变越大，对基面滑移和 $\{10\bar{1}2\}$ 拉伸孪生的硬化作用越强，反向拉伸屈服应力越高。借助改进后模型得到的反向拉伸屈服应力与试验结果吻合度更好。

（4）模拟得到了钛合金轧制板材沿 RD、TD 和 ND 单调拉伸和压缩的应力-应变曲线、硬化率、织构演化和孪晶体积分数的变化规律。结果表明：棱柱面滑移是最易开启的滑移系，为钛合金塑性变形中的主导变形机制。与单调拉伸相比，单调压缩呈现更大的流动应力，拉压时孪晶体积分数差异越大，拉压不对称性越显著。通过与随机织构和高对称性基面织构模拟结果的对比，揭示了钛合金的面内各向异性机制；模拟结果与试验结果具有很好的印证性。

（5）模拟得到了钛合金轧制板材沿 RD、TD 及 RD-TD 面内 45°方向单调加载、加载-卸载-反向加载的应力-应变曲线及织构演化规律，模拟结果与试验结果吻合度较高。给出了单调加载的孪晶体积分数演化规律及各滑移/孪生系的相对开启率，结果表明孪生是引起钛合金单调加载面内各向异性的主要原因，孪晶体积分数越大，面内各向异性越显著。分析得到了加载-卸载-反向加载中各滑移/孪生系的相对开启率及孪晶体积分数变化规律，揭示了压缩-卸载-拉伸及拉伸-卸载-压缩塑性变形中的滑移、孪生及退孪生机制。结果表明：棱柱面滑移是反向加载的主导塑性变形机制；加载-卸载-反向加载的孪晶体积分数演化规律与试验结果的孪生-退孪生行为特征具有较好的印证性。

本书的研究成果可为优化塑性加工工艺，研发高性能镁合金和钛合金材料提供参考。

著　者

2020 年 7 月

目　　录

1　绪　　论

1.1　研究背景及意义

金属材料在国民经济中占有举足轻重的地位,在航空航天、汽车、工程机械等领域均有着广泛的应用[1]。目前,金属材料的加工中,塑性成形技术应用最为广泛,在促进国民经济发展、提高国防现代化方面发挥着越来越重要的作用[2]。然而,金属材料塑性成形技术与塑性变形机理息息相关,因此,开展金属材料塑性变形机制的研究,可以丰富和发展金属塑性变形的基础理论,对优化塑性加工工艺及研发具有高成形性能的金属材料具有重要意义[3]。

目前,应用较为广泛的金属材料为钢铁、铝及铝合金,这两类材料均具有立方晶体结构,对称性较高,成形性能较好,其塑性变形机制和机理的研究已经形成了较为系统的理论体系。近年来,被誉为"21 世纪最环保的金属"镁和"21 世纪最重要的金属"钛逐渐引起了人们的重视。镁是最轻的金属结构材料,密度仅为钢材的 1/6,且具有较高的比强度和比刚度,在工程结构轻量化技术中具有非常好的应用前景[4]。工业纯钛是应用广泛的钛材料之一,强度高、韧性好,且具有优良的冲压和焊接性能、耐腐蚀性和耐热性[5]。然而,镁合金及工业纯钛的晶体结构均为密排六方(close-packed hexagonal,HCP)晶系,相比于面心立方(face-centered cubic,FCC)和体心立方(body-centered cubic,BCC)晶系,HCP 晶体材料对称性较低,独立的滑移系少,难以提供 5 个独立应变分量来满足任意形状改变所需的变形协调条件,需要滑移和孪生共同协调塑性变形导致 HCP 材料塑性变形机制的研究比 FCC 和 BCC 材料更加复杂[6]。因此,研究塑性变形中的滑移和孪生机制,合理有效地利用塑性变形机理,能为研发高性能(塑性和强度兼顾)的镁合金和钛合金提供技术支持。

目前,国内外学者主要采用试验测试的方法,对镁合金和钛合金的塑性变形机理进行研究,一定程度上揭示了滑移和孪生对镁合金和钛合金力学性能的作用机理和微观物理本质。然而,由于试验测试的局限性(如难以实现复杂条件加载、微观组织结构的实时测量等),难以全面探索塑性变形机制,需要借助理论及数值计算的方法,提出能够合理有效描述其塑性变形行为的本构模型,实现对镁和钛塑性变形中的宏微观行为的定量描述,进一步揭示其塑性变形机理。

　　本书以能描述多晶体材料完全弹黏塑性变形的弹黏塑性自洽模型为基础，结合孪生-退孪生模型，研究镁合金和钛合金板材沿不同方向单调加载、加载-卸载-反向加载过程中的宏观力学行为及织构演化规律，并结合滑移系及孪生系的开启规律、孪晶体积分数的演化规律等，深入分析镁合金和工业纯钛塑性变形中的滑移和孪生机制，为这两种材料塑性加工提供有力的理论依据。

1.2　HCP 材料塑性变形的滑移模式

　　滑移是指在切应力的作用下，晶体的一部分沿一定晶面和晶向，相对于另一部分发生相对移动的一种运动状态。这些晶面和晶向分别被称为滑移面和滑移方向。滑移的结果是大量的原子逐步从一个稳定位置移动到另一个稳定的位置，产生宏观塑性变形[7]。对于 HCP 金属材料，可能开启的滑移系包括$<a>$滑移及$<c+a>$滑移。$<a>$滑移为滑移方向为$<11\bar{2}0>$的滑移系，包括$\{0001\}$ $<11\bar{2}0>$基面滑移（B$<a>$）、$\{10\bar{1}0\}<11\bar{2}0>$棱柱面滑移（P$<a>$）和$\{10\bar{1}1\}$ $<11\bar{2}0>$棱锥面滑移（$\Pi_1<a>$）；$<c+a>$滑移为滑移方向为$<11\bar{2}3>$的滑移系，包括$\{10\bar{1}1\}<11\bar{2}3>$棱锥面滑移（$\Pi_1<c+a>$）和$\{11\bar{2}2\}<11\bar{2}3>$棱锥面滑移（$\Pi_2<c+a>$），如图 1-1 所示[8]。

滑移模式				
$\{10\bar{1}0\}<11\bar{2}0>$	$\{0001\}<11\bar{2}0>$	$\{10\bar{1}1\}<11\bar{2}0>$	$\{10\bar{1}1\}<11\bar{2}3>$	$\{11\bar{2}2\}<11\bar{2}3>$
棱柱面滑移（P$<a>$）	基面滑移（B$<a>$）	棱锥面滑移（$\Pi_1<a>$）	棱锥面滑移（$\Pi_1<c+a>$）	棱锥面滑移（$\Pi_2<c+a>$）

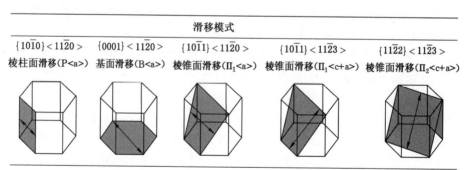

图 1-1　HCP 材料的滑移系[8]

1.2.1　镁及镁合金

　　镁晶体结构的晶体点阵参数为 $a=0.320\,9$ nm，$c=0.521\,1$ nm，则轴比$c/a\approx1.624$，与理论值 1.633 非常接近，因此，镁晶胞中原子密排程度最高的面为$\{0001\}$，方向为$<11\bar{2}0>$，且$<11\bar{2}0>$方向也是最容易产生滑移的方向，故镁中最易开启的$<a>$滑移为基面滑移 B$<a>$、棱柱面滑移 P$<a>$和棱锥面滑移

$Ⅱ_1<a>$ [1]。由于 $B<a>$ 滑移、$P<a>$ 滑移只能提供 2 个独立的滑移系,$Ⅱ_1<a>$ 滑移可以提供 4 个独立的滑移系,但 $Ⅱ_1<a>$ 滑移可看作 $B<a>$ 滑移和 $P<a>$ 滑移的组合[9],即使上述三种 $<a>$ 滑移全部开启,最多仅能够提供 4 个独立的滑移系[6],因此,需要 $<c+a>$ 滑移和孪生的开启,以满足塑性变形需要 5 个独立滑移系的条件。常温下镁合金中最易开启的锥面滑移为 $Ⅱ_2<c+a>$ [6],如图 1-1 所示,可以协调沿 c 轴方向的变形,但 $<a>$ 滑移仅能够协调垂直于 c 轴方向的变形。

基面滑移是镁合金中最易开启的滑移系,常温下纯镁单晶的基面滑移临界分解剪切应力(critical resolved shear stress,CRSS)非常小,一般为 $0.5 \sim 0.7$ MPa,柱面滑移和锥面滑移的 CRSS 较高,常温下约为基面滑移的 100 倍[10]。随着温度的升高,各滑移系及孪生系的 CRSS 值却表现出了不同的变化规律,当温度由 25 ℃升高到 500 ℃时,$B<a>$ 滑移的 CRSS 的变化并不明显[11],但 $Ⅱ_2<c+a>$ 和 $P<a>$ 滑移的 CRSS 随温度的升高逐渐降低,当温度升高至 300 ℃后,CRSS 值趋于稳定,其中 $P<a>$ 的 CRSS 值降至 $5 \sim 15$ MPa,$Ⅱ_2<c+a>$ 的 CRSS 值降至 $5 \sim 20$ MPa[11]。

1.2.2　钛及钛合金

钛合金根据晶体结构的不同,分为 α 钛、β 钛及 α+β 钛,其中 α 钛为具有 HCP 晶系的纯钛或钛合金,β 钛为具有 BCC 晶体结构的钛合金,α+β 钛是一种包含 HCP 和 BCC 晶体结构的双相钛合金。本书的主要研究对象为具有 HCP 晶体结构的 α 钛,故书中所提到的钛合金,均指 α 钛。

室温时钛合金原子排布最密集的晶格平面是 3 个 $\{10\overline{1}0\}$ 棱柱面,其次是 $\{0001\}$ 基面和 $\{10\overline{1}1\}$ 一阶锥面,因此,钛合金中最重要的滑移系即主导滑移系为 $P<a>$ 滑移。早在 20 世纪 50 年代前后,A. T. Churchman[12] 就已经通过试验验证了上述结论。随后,大量学者进行了关于单晶钛 $P<a>$ 和 $B<a>$ 滑移模式的研究,得到了不同温度下两种滑移系的临界分解剪切应力:① 在相同温度下,$P<a>$ 的 CRSS 小于 $B<a>$,即 $P<a>$ 是 Ti 的主导滑移系;② 在 600 K 以内,随着温度的增加,$P<a>$ 和 $B<a>$ 的 CRSS 逐渐减小;③ 随着 O、N、C 元素的增加,$P<a>$ 和 $B<a>$ 滑移的 CRSS 上升。同时,A. T. Churchman[12] 和 F. D. Rosi[13] 同时发现了单晶钛中的 $Ⅱ_1<a>$ 滑移,随后,S. Naka 等[14] 和 J. C. Williams 等[15] 也通过透射电子显微镜(TEM)试验证实了 $Ⅱ_1<a>$ 的存在。

$P<a>$ 和 $B<a>$ 滑移仅能够协调 $<a>$ 方向的变形,因此,钛合金需要 $<c+a>$ 方向的滑移模式,以协调 c 轴方向的变形。从图 1-1 中的 HCP 材料的滑移模式可以看出,$Ⅱ_1<c+a>$ 和 $Ⅱ_2<c+a>$ 滑移可以提供 c 轴方向的变形,因此这两种滑移模式对钛合金塑性变形有着非常重要的作用。但是 $\Pi_1<c+a>$ 和 $\Pi_2<c+a>$ 有相同的滑移方向,难以通过试验区分这两种滑移,导致关于这两个滑移模式的研究变得比较困难。T. R. Cass[16] 在对 HP 钛和 CP 钛沿 c 轴方向压缩的试验中发现,HP 钛中只有孪生发生,但 CP 钛中观测到了 $\Pi_1<c+a>$ 滑移,首次验证了 $<c+a>$ 滑移模式对钛塑性变形的重要作用。随着透射电子显微技术的发展,N. E. Paton 等[17] 利用透射电子显微镜(TEM),对 HP 钛单晶沿 c 轴方向变形的研究发现,当温度高于 400 ℃ 时,$\Pi_1<c+a>$ 滑移系起主要作用,温度达到 800 ℃ 时,大约 90% 以上的塑性变形由 $\Pi_1<c+a>$ 滑移系提供;当温度低于 300 ℃ 时,$\Pi_1<c+a>$ 滑移的作用逐渐下降,主要协调在 $\{11\bar{2}2\}$ 压缩孪晶扩展之前的剪切变形。十几年后,关于 $\Pi_2<c+a>$ 滑移才有了相关报道,Y. Minonishi 等[18] 利用 TEM 技术,在单晶钛常温下沿 c 轴方向压缩的试验中,发现 $\Pi_2<c+a>$ 可作为钛的主导滑移系;当温度升高至 600 ℃ 时,在 $\{10\bar{1}1\}$ 孪晶扩展之前,同时观测到了 $\Pi_1<c+a>$ 和 $\Pi_2<c+a>$ 滑移,并且 Y. Minonishi 等认为相比于 $\Pi_1<c+a>$,$\Pi_2<c+a>$ 滑移系对塑性变形的作用更明显。X. L. Tan 等[19] 通过对 HP 单晶钛沿 c 轴方向的拉伸、拉伸-拉伸疲劳及拉伸-压缩疲劳试验,发现在 $\{11\bar{2}1\}$ 孪生发生之后,$\Pi_2<c+a>$ 滑移系跟随 P$<a>$ 滑移出现。J. C. Williams 等[15] 在研究不同铝含量的单晶钛时,通过 c 轴方向加载,在铝含量较高的钛中发现了 $\Pi_1<c+a>$ 滑移,并且,随着铝含量的升高,P$<a>$ 和 B$<a>$ 滑移系的 CRSS 也随之增大,当铝含量从 1.4%(质量百分数)升高到 6.6% 时,P$<a>$ 和 B$<a>$ 的 CRSS 值分别由 58 MPa 和 138 MPa 升高到 185 MPa 和 199 MPa。J. C. Gong 等[20] 在对 CP 钛单晶微悬臂梁的弯曲测试中发现,P$<a>$ 是最容易开启的滑移系,B$<a>$ 的 CRSS 次之,$\Pi_1<c+a>$ 最难开启,$\Pi_1<c+a>$ 的 CRSS 值大约是 P$<a>$ 的两倍。将单晶 α 钛中各滑移系的 CRSS 值的测量结果进行统计,如表 1-1 所示,可以看出,随着单晶纯钛中杂质含量的增大,各滑移系的 CRSS 升高,并且,B$<a>$ 滑移系的 CRSS 大于 P$<a>$ 滑移系的 CRSS,但小于 $\Pi_1<c+a>$ 滑移系的 CRSS。综上所述,P$<a>$ 为单晶 α 钛常温下的主导滑移系,B$<a>$ 次之,$\Pi_1<c+a>$ 最难开启,但 $\Pi_1<c+a>$ 依照是单晶 α 钛的重要滑移系之一。

研究表明,对于多晶材料,晶界对位错运动有一定的阻碍作用,并且可作为位错运动的源头[21],因此,多晶材料的宏观力学性能与单晶材料有着很大的差别。对于钛及钛合金,在单晶塑性变形机制的研究中,由于晶体的指向是已知的,通过特定的加载方式,可以人为控制各滑移系的开启。然而,对于多晶钛及钛合金,由于晶粒尺寸、指向复杂,较难通过试验实现滑移系的独立开启,这就对多晶钛滑移模式的研究造成了困难。因此,关于多晶钛及钛合金变形机制研究方面尚未做到完全的定量。

表 1-1　单晶 α 钛中各滑移系的 CRSS 试验结果

杂质含量	温度	CRSS/MPa			参考文献
		P<a>	B<a>	Ⅱ₁<c+a>	
6.6%Al	室温	185	199	780	[15]
5.0%Al		146	173	770	
2.9%Al		117	153	210	
1.4%Al		58	138	105	
0.33%	室温	49.4~71.3	—	—	[22]
0.02%~0.025%	室温	24	25		[16]
0.012%	500~1 100 K	4.5~11	5~30.5	—	[23-24]
0.05%~0.15%	室温	21	63		[12]
—	室温	34	—	—	[25]
12.05%	室温	181	209	474	[20]

目前对多晶钛的滑移机制主要通过透射电子显微镜(TEM)观测,与单晶钛的研究结果一致,P<a>依然是主导滑移系,B<a>次之[26-31],只有 S. Zaefferer[32] 在多轴扩展试验中发现,T40 和 T60 的主导滑移系分别为 Ⅱ₁<a>和 B<a>,但是 S. Zaefferer 认为这是由多轴扩展加载方式及典型的基面织构造成的。同时,试验中观测到的 Ⅱ₁<a>滑移,也是目前钛合金关于 Ⅱ₁<a>滑移作用的少数研究之一,但是 Ⅱ₁<a>滑移的出现,是否由多轴扩展这种特殊的加载方式造成,目前还未有明确的结论。对于<c+a>滑移,许多学者通过试验发现了多晶钛中 Ⅱ₁<c+a>滑移的重要作用。D. Shechtman 等[27] 在对冷压后的多晶钛板材研究中发现,P<a>是主导滑移系,Ⅱ₁<c+a>次之,并认为在某些特定加载路径下,B<a>可能成为主导滑移系。M. J. Philippe 等[31] 在对 T35 板材冷轧试验中发现,在变形初期,以 P<a>滑移为主,有极少量 B<a>和 Ⅱ₁<a>滑移,同时观测到了 $\{10\bar{1}2\}$ 拉伸孪生及 $\{11\bar{2}2\}$ 压缩孪生,当压缩量达到 50%时,$\{10\bar{1}2\}$ 拉伸孪生及 $\{11\bar{2}2\}$ 压缩孪生消失,同时出现了 Ⅱ₁<c+a>滑移。M. G. Glavicic 等[30] 通过对 CP 钛的 X 射线衍射分析,发现在温度为 20~720 ℃,压缩量分别为 10%、20%时,主要滑移系为 P<a>和 Ⅱ₁<c+a>;当温度从 20 ℃升高到 300 ℃时,Ⅱ₁<c+a>滑移的比重升高;最后 M. G. Glavicic 参考 N. E. Paton[17] 的研究结果,认为 B<a>滑移没有开启的主要原因是其较高的 CRSS 值。

综上所述,仅有极少数学者在单晶钛中观测到 Ⅱ₂<c+a>滑移,但并未在多晶钛合金中得到验证。同样,尽管有一些学者在单晶试验中观测到了 $\text{II}_1<a>$ 滑移,但在多晶钛中也未有确定的结论证明其对塑性变形的重要作用。因此,钛合金常温下的主要滑移系为 $P<a>$、$B<a>$、$\text{II}_1<c+a>$。

1.3　HCP 材料塑性变形的孪生模式

　　孪生是指晶体的一部分相对于另一部分沿着一定的晶面(孪生面)和晶相(孪生方向)的均匀剪切变形,不改变晶体结构而只改变晶体取向[21]。孪生变形后的晶体称为孪晶,与母体成晶面对称关系,并且具有特定的取向差[33]。与滑移最大区别在于,孪生后晶体的变形部分与未变形部分呈晶面对称关系,变形部分取向发生变化,而滑移在变形后取向并未发生变化[33]。HCP 材料常见的孪生系有 4 种,如图 1-2 所示,包括 $\{10\bar{1}2\}<10\bar{1}\bar{1}>$、$\{11\bar{2}1\}<11\bar{2}6>$,提供沿 c 轴方向拉伸的变形,称为拉伸孪生;$\{11\bar{2}2\}<11\bar{2}3>$、$\{10\bar{1}1\}<11\bar{2}3>$,提供沿 c 轴方向压缩的变形,称为压缩孪生。

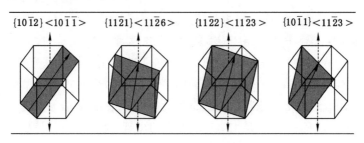

图 1-2　HCP 材料的孪生系[8]

1.3.1　镁及镁合金

　　镁合金中,最易开启孪生系的孪生面为 $\{10\bar{1}2\}$,孪生方向为 $<10\bar{1}\bar{1}>$,简称为 $\{10\bar{1}2\}$ 拉伸孪生;常见的压缩孪生为 $\{10\bar{1}1\}$ 孪生,孪生方向为 $<10\bar{1}\bar{1}>$,简称为 $\{10\bar{1}1\}$ 压缩孪生。镁合金中 $\{10\bar{1}2\}$ 孪生在室温下的 CRSS 值较小,一般为 $10\sim35$ MPa[34-37],但 $\{10\bar{1}1\}$ 孪生的 CRSS 值却很高,通常认为为 $100\sim150$ MPa[11,38]。因此,常温下 $\{10\bar{1}2\}$ 拉伸孪生较容易开启,而 $\{10\bar{1}1\}$ 压缩孪生的开动则需要晶粒同时具有较大的施密特因子(schmid factor,SF)及应力。$\{10\bar{1}2\}$ 拉伸孪生和 $\{10\bar{1}1\}$ 压缩孪生的孪生偏转轴均为 $<11\bar{2}0>$,但这两种孪生开动后产生的晶格取向差存在明显的差异,$\{10\bar{1}2\}$ 拉伸孪生将基体晶格取向沿 $<11\bar{2}0>$ 方向旋转 $86.3°$,但 $<10\bar{1}\bar{1}>$ 压缩孪生将基体晶格取向沿 $<11\bar{2}0>$ 方向旋转 $56°$[39]。

1.3.2 钛及钛合金

针对钛单晶的孪生机制,学者们在 20 世纪 50 年代就已展开了相关研究,普遍认为 $\{10\bar{1}2\}$ 拉伸孪生[23,40-44]、$\{11\bar{2}1\}$ 拉伸孪生[19,23,40,43]、$\{11\bar{2}2\}$ 压缩孪生[16,19,40,43]是常温下单晶钛合金最常见的孪生模式。其中,A. Akhtar[23] 和 P. G. Partridge[39] 在 $-196\sim800$ ℃试验中均观测到了 $\{10\bar{1}2\}$ 拉伸孪生,可见,相比其他几种孪生,$\{10\bar{1}2\}$ 拉伸孪生是单晶钛中更容易发生的孪生模式。同时,也有学者观测到了 $\{10\bar{1}1\}$ 和 $\{11\bar{2}3\}$ 孪生[17,19,39],其中,N. E. Paton 等[17] 发现,当温度为 $25\sim300$ ℃时,c 轴方向的变形主要通过 $\{11\bar{2}2\}$ 孪生变形来协调,当温度大于 400 ℃时,出现了 $\{10\bar{1}1\}$ 压缩孪生,与 $\text{II}_1<c+a>$ 共同协调 c 轴方向的变形,因此,常温下单晶钛的主导压缩孪生系为 $\{11\bar{2}2\}$,$\{10\bar{1}1\}$ 压缩孪生仅在高温时开启。X. L. Tan 等[19,43] 在常温下分别通过 c 轴方向加载的疲劳试验观测到了 $\{11\bar{2}3\}$ 和 $\{10\bar{1}1\}$ 孪晶。

与单晶钛的研究结果相似,许多学者通过试验发现了 $\{10\bar{1}2\}$ 拉伸孪生及 $\{11\bar{2}2\}$ 压缩孪生[13,28,45-58],只有部分学者发现了 $\{11\bar{2}1\}$ 拉伸孪生[13,26,28,52-53,57-58],其中,Y. B. Chun 等[51] 认为 $\{11\bar{2}1\}$ 孪生由于具有较大的孪生切变(twin shear)及较小的原子移动(extent of atomic shuffling),较难开启。随后,T. Hama 等[57] 也通过拉伸试验证实,$\{11\bar{2}1\}$ 拉伸孪生的开启量比 $\{10\bar{1}2\}$、$\{11\bar{2}2\}$ 孪生小得多,并且,X. G. Deng 等[55] 关于这三种滑移系的 CRSS 研究也证明,$\{11\bar{2}1\}$ 孪生的 CRSS 值达到了 538 MPa,远大于 $\{10\bar{1}2\}$ 拉伸孪生及 $\{11\bar{2}2\}$ 压缩孪生的 CRSS 值。综上所述,常温下钛合金主要有两种孪生模式:$\{10\bar{1}2\}<10\bar{1}\,\bar{1}>$、$\{11\bar{2}2\}<11\bar{2}3>$。

1.4 HCP 材料塑性变形机制

1.4.1 单调拉伸和压缩

(1) 镁及镁合金

目前,关于镁合金在常温下单调拉伸和压缩变形的研究已经有了相当多的报道,由于镁合金在加工过程中容易形成较强的织构,因而表现出很强的拉压不对称性,图 1-3 分别为 X. Q. Guo 等[59-60] 通过试验得到的镁合金 AZ31 轧制板材沿与板厚方向呈不同角度拉伸和压缩的应力-应变曲线,可以看出,随着拉伸轴与板材法向的角度逐渐增大,屈服极限也逐渐增大,同时,0°样品的屈服极限明显低于 90°样品;压缩变形时,屈服极限随压缩轴与板厚法向角度的增加逐渐减小,且压缩轴与板厚平行时的屈服极限明显大于 90°样品。镁合金板材所表现出的这种各向异性特征,主要是<a>滑移、<c+a>滑移和孪生这 3 种变形机制之间协调竞争的结果[3]。由于镁合金板材一般具有较强的基面织构,0°样品拉伸或 90°样品压缩时,{10$\bar{1}$2}孪生具有较高的施密特因子(SF),同时由于基面滑移 B<a>的 CRSS 非常小,因此,变形初期的主导塑性变形机制为 B<a>和{10$\bar{1}$2}孪生,然而,90°样品压缩或 0°样品拉伸时,棱柱面滑移 P<a>的 SF 值较高,变形初期的主导滑移系为 P<a>和 B<a>,由于 P<a>的 CRSS 值远大于{10$\bar{1}$2}孪生,而导致屈服极明显大于 0°样品拉伸或 90°样品压缩时的结果。同时,0°样品拉伸或 90°样品压缩时,应力-应变曲线为"S"形,变形初期在一定的应变范围内出现了"平台",随后又出现了明显的加工硬化,针对此现象,学者们普遍认为是由于{10$\bar{1}$2}孪生所引起的[35,61-67]。变形初期,主导变形机制为 B<a>和拉伸孪生,导致较低的屈服极限及流动应力,随着变形的增加,孪生逐渐耗竭,即许多晶粒中的孪晶达到饱和,需要非基面滑移的开动来协调塑性变形,最终导致硬化率的快速上升。目前,关于孪生对镁合金快速硬化作用方面的研究,主要有 2 种结论:由于孪生的作用,形成的孪晶与基体之间存在 86.3°的取向差,更加有利于 P<a>滑移和 Π_2<c+a>滑移的开启[35];随着变形的增加,孪晶量逐渐增多,孪晶界对滑移的阻碍作用也逐渐增强[63]。然而,P. D. Wu 等[68]通过数值模拟研究发现,镁合金轧制板材在 RD 压缩时,对某一晶粒而言,当孪生达到饱和时,晶粒内部的应力水平较低,不足以引起非基面滑移的开启,此阶段晶粒内部的变形以弹性变形为主,当弹性变形使晶粒的应力上升到能够开动非基面滑移时,硬化率又快速下降。

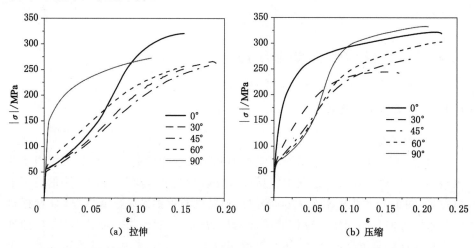

(a) 拉伸　　　　　　　　　　　　　(b) 压缩

图 1-3　镁合金 AZ31 轧制板材沿不同方向单调加载的应力-应变曲线

综上所述,目前,关于镁合金轧制板材的拉压不对称性已经有了较为明确的结论,但难以通过试验来得到变形过程中滑移和孪生对塑性变形贡献的定量研究,同时,孪生耗尽后导致硬化率快速上升的原因,还有待做进一步深入的研究。

（2）钛及钛合金

早在 20 世纪 70 年代,V. S. Arunachalam 等[69-70]已通过单调加载试验研究了 CP 钛及 HP 钛的塑性变形行为,发现了具有 2 个或 3 个可以明显区分的变形阶段:Ⅰ阶段硬化率快速降低,Ⅱ阶段硬化率趋于稳定或升高,Ⅲ阶段硬化率再次降低。随后,大量学者进行了此类试验[27,54,56-58,71-84],图 1-4、图 1-5 分别为 X. P. Wu 等[71-72]关于 α 钛研究中的应力-应变曲线及硬化率演化曲线。图中,CP-Ti 表示工业纯钛,HP-Ti 表示高纯钛,G 为材料的剪切模量,σ_0 为初始屈服应力,RD、TD 和 ND 分别表示板材的轧制方向、横向和厚度方向。从图中可以看出,工业纯钛及高纯钛均有较明显的面内各向异性及拉压不对称的特征,且硬化率具有明显的 3 个阶段的演化特征。

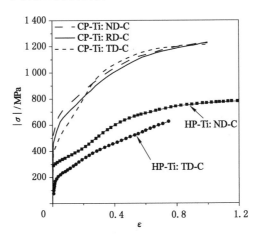

图 1-4　工业纯钛和高纯钛轧制板材不同方向单调压缩的应力-应变曲线[71-72]

对于钛合金,许多学者将孪生对塑性变形的影响归因于孪生引起的晶格转动。A. M. Garde 等的研究中[70],HP 钛出现了 3 个变形阶段,并且,当应变从 0.005 增加到 0.01 时,硬化率和孪晶体积分数同时快速增加,当应变从 0.01 增加到 0.24 的过程中硬化率保持不变,应变大于 0.24 后孪晶体积分数达到饱和值（60%）,并且 A. M. Garde 等认为孪生对 HP 钛及 CP 钛的硬化作用,是由孪生引起的晶格转动造成的。S. Mullins 等[47]在单调拉伸、平面应变拉伸及等双轴拉伸试验中观测到了 CP 钛的 3 个变形阶段,并且认为由于孪生改变了晶粒

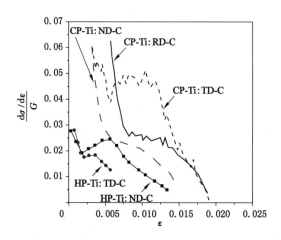

图 1-5　工业纯钛和高纯钛轧制板材不同方向单调压缩时的硬化率变化曲线[71-72]

取向而影响了应力-应变曲线,随着孪生体积分数的增加,孪晶带逐渐与主应力轴靠近,造成在较大应变范围内硬化率基本不变。随后,Y. Murayama 等[48]在几种具有不同初始织构的 CP 钛的单调拉伸试验中也发现了典型的 3 个硬化阶段,并且认为孪生引起的晶格转动是造成硬化率变化的主要原因。M. Battaini 等[85]在具有典型基面织构的 CP 钛板材的平面应变压缩试验中发现,限制 ND 变形的加载路径下,硬化率均高于未限制 ND 变形的情况,M. Battaini 认为由于未限制 ND 变形时容易发生孪生,造成晶格转动而引起硬化率下降。然而,A. A. Salem 等[86-87]在 CP 钛和 HP 钛的单调压缩、平面应变压缩及简单剪切试验中均发现了 3 个不同的硬化阶段,通过对孪生体积分数及硬化率演化规律的分析,认为 II 阶段,即硬化率保持稳定或上升阶段,是由孪生对位错的阻碍作用引起的,III 阶段,即硬化率再次下降的阶段,主要由孪晶的饱和引起。

　　然而,一些学者并不认同孪生导致硬化率变化的观点,M. K. Keshavan 等[88]通过对 A. M. Garde 的试验分析认为,尽管孪生对硬化率的变化有一定的影响,但由于孪晶体积分数较小,不对塑性变形产生较大的影响,并认为硬化率的 3 个阶段是由于位错滑移的结构发生变化引起的;与 M. K. Keshavan 等的结论类似,D. R. Chichili 等[75]通过试验发现,尽管已经产生了大量的孪晶,但孪生变形对塑性应变的贡献小于 3%,即塑性变形主要由滑移引起,因此,D. R. Chichili 等认为硬化率的 3 个阶段并不是由孪生引起,而是由孪生与滑移的共同作用引起。同样,A. Roth 等[77]在 CP 钛板材的拉伸试验研究中也得到了上述结论。S. Nemat-Nasser 等[76]通过高应变率(2 200 s^{-1})试验发现,孪晶体积分数增大时,应力却未增加,即孪生并未引起硬化率变化,并且认为溶质原子相互作用引起的应变时效效应是造成Ⅱ阶段的硬化率变化的原因。S. V. Kailas等[83]对 CP 钛在 25～400 ℃时单调压缩试验中发现了具有 3 个阶段的应力-应变规律,并认为第Ⅰ阶段是由单一滑移系的作用引起的,第Ⅱ阶段是由多个滑移系共同作用引起的,而第Ⅲ阶段则是由动态恢复造成的。

综上所述,目前关于钛合金塑性变形机理的研究存在一定的争议,一些学者认为孪生是影响钛合金硬化率变化规律的主要因素,但部分学者认为滑移在硬化率变化中发挥着重要的作用。然而,通过试验测试的方法,对钛合金的塑性变形过程中的塑性机制进行定量研究比较困难,但可借助相关数值计算模型,在晶体塑性理论的基础上,进行钛合金的塑性变形机制的深入研究。

1.4.2　加载-卸载-反向加载

HCP 金属中,当晶粒 c 轴方向产生拉伸变形时,容易发生孪生;当沿反方向加载时,将发生退孪生,材料内部的孪晶带变窄或消失[35,89]。与孪生类似,退孪生可看作孪生的逆过程,对 HCP 金属材料的塑性变形有着重要的作用。

(1) 镁及镁合金

目前,关于镁合金材料在加载-卸载-反向加载的宏观力学行为及微观变形机制方面的研究已经有了很多的报道[35,89-93],最具代表性的为 X. Y. Lou 等[35]关于镁合金轧制板材的加载-卸载-反向加载方面的工作。图 1-6 所示为镁合金 AZ31 沿横向压缩-卸载-拉伸的宏观应力-应变曲线及微观组织演化规律,可以看出,压缩应变为 7.2%时,材料内部产生了大量的孪晶,孪晶体积分数高达71.9%,反向拉伸至应变为 4%时,发生了明显了退孪生现象,大部分孪晶消失,孪晶体积分数降低至 6%。同时,反向拉伸阶段的应力-应变曲线与单调压缩变形时的应力-应变曲线具有类似的"S"形曲线特征,表明退孪生为反向拉伸初期的主导变形机制。X. Y. Lou 等还指出,退孪生时不需要进行孪生的形核,使得退孪生比孪生更容易开动,最终造成反向拉伸时的屈服应力低于单调压缩时的屈服应力。为了研究预制孪晶量对反向加载时镁合金塑性变形的影响,S. G. Hong等[93]进行了不同预压缩量下镁合金 AZ31 板材沿轧制方向反向拉伸时的力学行为研究,如图 1-7 所示,可以看出,反向拉伸初期的流动应力随预压缩量的增加而增大,S. G. Hong 等认为由孪晶界形成的位错运动而引起退孪生,因此,预压缩量越大时,材料内部的位错密度越高,退孪生的开启更加困难;同时,预压缩量越大时,材料内部的孪晶量越大,孪晶界对滑移的阻碍作用也更大,导致滑移系的 CRSS 也随之增大。上述两种因素的共同作用,导致预压缩量越大,反向拉伸时的应力越大。由图 1-7(b)还可以看出,随着预压缩量的增大,反向拉伸时的硬化率峰值逐渐降低,且峰值所处的应变值逐渐增大,但 S. G. Hong 等并未对此行为的变形机制做出解释。虽然 X. Y. Lou 等[35]提出单调加载时的加工硬化与孪生耗尽有关,但在反向拉伸的退孪生阶段,硬化率与预压缩量及孪生耗尽之间的定量关系,目前尚未有相关的试验结论。对于这些研究可通过数值计算的方法,借助相关的数值计算模型,从晶体塑性理论的角度对其展开定量研究。

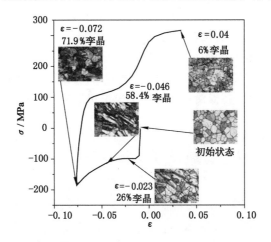

图 1-6　镁合金 AZ31 板材沿横向压缩-卸载-拉伸的
宏观应力-应变曲线及微观组织演化规律[35]

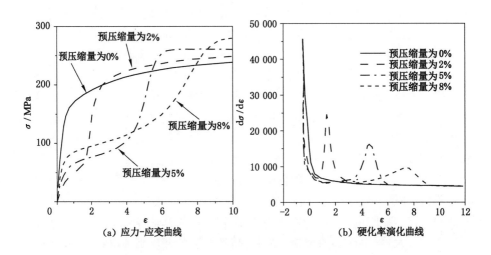

(a) 应力-应变曲线　　　　　　　(b) 硬化率演化曲线

图 1-7　不同预压缩量下镁合金 AZ31 板材沿轧制方向
反向拉伸的应力-应变曲线及硬化率演化曲线[93]

（2）钛及钛合金

目前,关于钛合金在变路径加载方面的研究较少。J. Peng 等[94-95]进行了钛合金疲劳行为方面的研究,但并未进行关于孪生机制方面的分析,仅有 T. Hama 等[57-58]对 TA1 和 TA2 两种钛合金板材的加载-卸载-反向加载力学行为及微观机制进行了系统的分析。图 1-8、图 1-9 分别为 TA1、TA2 板材沿轧制方向进行加载-卸载-反向加载时的应力-应变曲线,从图中可以看出,RD 压缩-卸载-拉伸时,反向拉伸阶段 TA1 出现了较小的应力峰值,但 TA2 板材并未发现这样的规律。图 1-10 为 TA1 板材 RD 加载-卸载-反向加载时的取向分布演化规律,从图

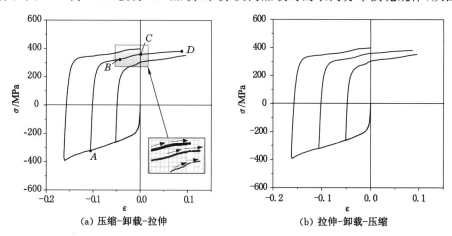

图 1-8　TA1 板材沿轧制方向进行加载-卸载-反向加载时的应力-应变曲线[58]

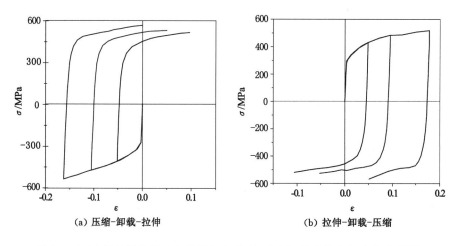

图 1-9　TA2 板材沿轧制方向进行加载-卸载-反向加载时的应力-应变曲线[58]

中可以看出，TA1 板材在应力峰值位置 C 时，预压缩产生的$\{10\bar{1}2\}$孪晶基本消失，即退孪生结束，同时产生了一定量的$\{11\bar{2}2\}$压缩孪晶，T. Hama 等认为钛合金中孪生对塑性变形的贡献远小于镁合金板材，导致反向拉伸时出现的应力峰值现象并不显著，且由于 TA2 板材中的孪晶量较少，并未出现与 TA1 板材中类似的应力峰值。虽然 T. Hama 等结合宏微观的试验，通过镁合金和钛合金轧制板材宏观应力-应变曲线及微观取向分布特征的对比，一定程度上解释了孪生和退孪生在工业钛合金加载-卸载-反向加载中的作用，但由于缺少关于滑移系开启方面的试验测试，并未系统地定量分析变形过程中的滑移和孪生机制。对此问题，同样可以借助相关的晶体塑性模型，在晶体塑性理论的基础上进一步揭示钛合金的滑移、孪生及退孪生机制。

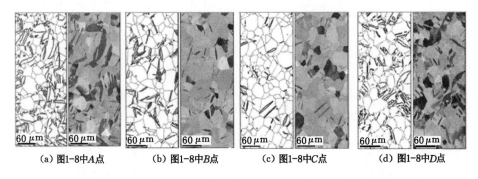

(a) 图1-8中A点　　(b) 图1-8中B点　　(c) 图1-8中C点　　(d) 图1-8中D点

图 1-10　TA1 板材沿轧制方向压缩-卸载-拉伸的取向分布演化规律[58]

1.5　HCP 材料的本构模型

材料本构关系是材料在变形过程中所遵循的规律，是联系材料变形与响应的桥梁，在塑性成形理论与技术研究发展中发挥着不可替代的作用[2]。对于多晶体材料，半个多世纪以来，众多学者建立了许多塑性本构模型，主要包含两大类：唯象模型及晶体塑性模型。

1.5.1　唯象模型

唯象模型以传统的塑性力学理论为基础，结合屈服准则、流动法则和强化准则，描述材料的塑性变形。对于 FCC 和 BCC 材料，由于晶体结构的对称性，独立的滑移系数量较多，且常温下孪生不易开动，传统的各向异性唯象模型得到了广泛的应用。然而，对于 HCP 材料，由于孪生的作用，常表现出明显的拉压屈服不对称性，利用唯象模型对塑性变形进行分析和研究将比对 FCC 和 BCC 材料进行分析更加复杂,导致关于 HCP 材料的唯象模型研究成果较少[96]。

为了模拟镁合金的拉压不对称性,E. W. Kelley 等[97-98]提出了一种去负面偏心率的概念,并引入了一个线性项来描述,但模拟结果中压缩屈服应力仅为拉伸屈服应力的一半;O. Cazacu 等[99-100]在各向同性屈服准则的基础上,开发出了一种能够描述正交各向异性行为的模型,然而,模型中的参数较多,共需要 27 个拟合参数。J. Kim 等[101]基于 O. Cazacu 的屈服函数,并结合不同硬化率的规律,实现了镁合金 AZ31 板材常温下的各向异性行为和拉压不对称性的模拟。M. G. Lee 等[102-103]提出了一种扩展硬化规律来模拟金属板材的应力-应变响应,并与大型有限元软件 ABAQUS 结合实现了镁合金 AZ31 板材的弹性滞后效应、包辛格效应、瞬时行为和非对称性的模拟。M. Li 等[104-105]根据镁合金 AZ31B 的滑移、孪生和退孪生行为,提出了一种孪生法则来计算发生孪晶的晶粒数量,并通过 UMAT 与 ABAQUS 软件结合实现了复杂路径加载的模拟。

关于钛合金的唯象模型研究较少,O. Cazacu 等[99]提出了一种关于原点三重旋转对称的各向同性屈服准则,较精确地描述了 W. F. Hosford 等[106]试验中的拉压屈服不对称,在此基础上,将各向同性准则改进为正交各向异性,并且在镁合金板材的模拟中,准确描述了拉压屈服不对称性及面内各向异性特征。随后,B. Plunkett 等[107]又提出了一种包含所有的主应力的各向同性屈服准则,并且,为了描述 HCP 材料的由初始取向不同引起的各向异性特征及由孪生引起的拉压屈服不对称性,引入了一个四阶对称张量对柯西偏应力张量进行处理,最终,通过对镁合金和钛合金的模拟验证了上述模型的合理性。M. E. Nixon 等[79]利用文献[107]中的屈服准则,结合相关硬化规律,采用有限单元法,对 CP 钛沿 RD、TD 及 ND 的应力-应变曲线进行了模拟,并得到了比较精确的结果。

综上所述,唯象模型一定程度上能够描述镁和钛的宏观塑性变形行为,但不能进行织构演化规律的模拟,也不能实现关于滑移和孪生系对塑性变形的作用方面的计算。

1.5.2　晶体塑性模型

晶体塑性理论起源于 G. I. Taylor 和 C. F. Elam 20 世纪 20 年代的早期工作,他们在 BCC 铝材试验中发现,塑性变形发生在不连续的滑移系上,提出了晶体塑性和滑移系几何的概念[108-110],并在 1938 年,开创性地提出了单晶塑性运动学方程和率无关本构关系[111]。随后 R. Hill 等[112-113]对晶体塑性变形几何学和运动学进行了严格的数学描述,把单晶体的塑性变形归结为在晶体中特定滑移系的位错运动,并在单晶体的塑性本构关系中引入自硬化和潜在硬化以描述同一滑移系或不同滑移系中位错的相互作用,较好地描述了单晶体的应变硬化及其与载荷方位的相关性,而且把 G. I. Taylor 的模型推广到率无关的弹塑性有限变形分析。在此基础上,D. Peirce 等又提出了一套完善的率相关材料的本构理论[114-115],至此,晶体塑性理论的整体框架已基本成型。

然而,对于多晶材料,由于晶粒取向、形状及体积分数的不同,需在上述晶体塑性理论的基础上,建立多晶集合体相邻晶粒间的应力分布模型,由于多晶集合体晶粒形状、尺寸及取向较复杂,难以精确获得每个晶粒的力学行为,因此,为了通过单晶建立的晶体塑性理论,描述多晶体的塑性变形行为,许多学者提出了很多均匀化模型,主要包括:Taylor 模型,Sachs 模型和自洽(self consistent,SC)模型。

(1) Sachs 模型

1928 年,G. Sachs[116]最早提出了多晶体协调变形的设想,假设各个晶粒之间的应力是连续的,与加载的应力状态相同。因此,该假设将造成各晶粒之间的变形是自由的,仅满足平衡条件,但由于应力处处相同,而导致应变分布的不连续,变形不协调,与实际情况有差异。由于 Sachs 模型计算所得的应力值为理论中的极小值,故也被称为上界模型[88]。后来,S. Ahzi 等[117-118]对 Sachs 模型进行了改进,实现了对多晶金属材料的弹黏塑性变形行为的模拟。然而,由于 Sachs 模型具有较大的局限性,在 HCP 材料研究中应用较少。

(2) Taylor 模型

与 Sachs 模型截然相反,G. I. Taylor 在 1938 年提出的 Taylor 模型中,假设多晶体中每个晶粒的应变状态与外界施加的应变相同。Taylor 模型满足了晶界处的变形协调条件,但并不满足应力平衡条件。虽然 Taylor 模型忽略了晶粒间的相互作用,强制各晶粒的塑性应变与外界施加的宏观塑性应变一致,并不能完全准确地模拟多晶体材料的塑性变形行为,但是学者们依然对 Taylor 模型进行了不断的改进,使其广泛地应用于多种金属材料在简单拉压[119]、平面应变压缩[120]、简单剪切[120]及扭转[121]方面的宏观塑性变形及微观织构演化规律的模拟[122]。对于具有典型 HCP 晶体结构的钛,A. A. Salem 等[119]基于 Taylor 模型,提出了一种滑移-孪生硬化方程,结合 R. J. Asaro 等[123]的幂硬化本构关系,实现了对 HP 钛在 ND 压缩、平面应变压缩及简单剪切宏观力学行为的准确预测,但微观织构演化的预测结果与试验有较大的差别。为了解决织构演化的模拟问题,X. P. Wu 等[72]在 Kalidindi 模型[119]的基础上,对孪生行为的模拟进行了改进:当晶粒发生孪生后,发生孪生的部分将围绕主导孪生系进行取向的改变,且后续变形中可以发生滑移变形。利用此模型,实现了对于 HP 钛的织构演化的预测。随后,X. P. Wu 等[71]利用上述模型,同时对 HP 钛和 CP 钛在 ND、RD、TD 压缩的宏观力学行为及微观织构演化规律进行模拟。

（3）自洽模型

Taylor 模型和 Sachs 模型对多晶材料的限制较强，并未考虑到晶粒之间的相互作用，为了改进这两种模型，E. Kröner[124] 提出了一种介于 Taylor 模型和 Sachs 模型之间的模型，认为晶粒处于一个无限均匀的等效介质中，是一种同时满足变形协调条件和应力平衡条件的多晶均匀化模型，称为自洽模型。基于上述假设及思想，学者们提出了适用于不同条件下的多晶自洽模型，主要包括：黏塑性自洽模型、弹塑性自洽模型和弹黏塑性自洽模型。

E. Kröner[124] 和 B. Budiansky 等[125] 分别利用 Eshelby 椭球体夹杂的解法[126]，实现了对多晶材料小变形的弹塑性行为的模拟，但并未考虑夹杂体与基体之间的塑性相互作用；R. Hill[127] 对上述模型进行了改进，但仅适用于小变形的模拟；此后，T. Iwakuma 等[128] 对 R. Hill 的增量方案进行了改进，提出了可模拟大变形的弹塑性自洽模型。基于上述模型，针对 HCP 材料，P. A. Turner 等[129] 提出了一种可同时考虑滑移和孪生的小变形弹塑性自洽模型（elastic plastic self-consistent，EPSC）。EPSC 模型适用于小变形的模拟，但是，对 HCP 材料大变形行为并不适用。对于钛及钛合金，还未有学者利用 EPSC 模型对塑性变形行为进行较精确的预测。S. Sinha 等[130] 利用 EPSC 模型对 CP 钛沿不同方向拉伸进行了模拟，但模拟中得到的宏观应力-应变曲线及孪晶体积分数演化规律与试验结果偏差较大。

目前，最具代表性的自洽模型为 R. A. Lebensohn 等[131] 于 1993 年提出的黏塑性自洽（visco-plastic self-consistent，VPSC）模型，与 EPSC 模型最大的区别在于 VPSC 模型虽未考虑弹性变形，但引入了 R. J. Asaro 等[123] 的率相关本构关系，可准确模拟多晶材料大变形行为。随后，VPSC 模型被广泛应用于 FCC 和 BCC 材料塑性变形行为的模拟中[132-136]。同时，为了模拟晶体材料塑性变形中的孪生行为，C. N. Tomé 等[137] 提出了一种主导孪生系旋转（predominant twin reorientation scheme，PTR）的模型，假设仅 SF 最大的孪生变体开启，并通过引入两个参数，结合等效孪晶体积分数和累积孪晶体积分数，实现了对孪生开启量的控制。VPSC-PTR 模型经过多年的发展，已经成功应用于镁合金宏观力学行为及微观织构演化规律的模拟[62,138]。对于钛及钛合金，VPSC 模型也得到了广泛的应用。N. P. Gurao 等[54] 利用 VPSC 模型，结合主导孪生系旋转（PTR）的方法，模拟预测了 CP 钛在准静态加载及动态加载时的应力-应变曲线及孪晶体积分数，其中，准静态加载的预测结果与试验结果较接近，而动态加载与试验结果偏差较大。N. Benmhenni 等[74] 利用 VPSC 模型中的 Affine 线性化方案，对 CP 钛板材沿 ND、TD、RD 三个方向的压缩进行了模拟，但预测结果与试验值偏差较大。

VPSC 模型中,同时考虑了滑移和孪生系,每个滑移系和孪生系需要独立的 CRSS 及硬化参数,因此,模拟时需要对大量的参数进行确定,目前,普遍使用的方法为通过宏观应力-应变曲线进行参数拟合,但并不能完全准确地确定所有参数。随着原位中子衍射技术(in situ neutron diffraction)的发展,晶格应变(lattice strains)已经逐渐得到了重视,研究发现,多晶材料塑性变形过程中不同取向晶粒的弹性晶格应变的演化可作为确定宏观塑性变形机制的重要指标[139]。因此,可利用对晶格应变预测对参数进行拟合和验证,但是,VPSC 模型中并未考虑弹性变形,因此,并不能实现对晶格应变的预测。目前,EPSC 模型被普遍用来模拟计算晶格应变,但是,EPSC 仅限于小变形的模拟,对于变形较大的情况并不能得到准确的结果。针对上述情况,H. Wang 等[140]结合 EPSC 模型及 VPSC 模型,提出了弹黏塑性自洽(elastic-visco-plastic self-consistent,EVPSC)模型,对于弹性应变,利用弹性椭球体夹杂于无限大弹性基体的方法,建立弹性柔度张量的自洽方法,对于塑性应变,利用刚黏塑性椭球体夹杂于无限大黏塑性基体中,构建塑性柔度张量的自洽方法,并令单个晶粒与宏观总应变之间的差值,等于宏观应变与弹性应变及塑性应变的差值之和,建立了宏微观之间的联系,求解各晶粒的应力。随后,由于 PTR 模型仅允许 SF 最大的变体发生孪生,且并不能描述退孪生行为,H. Wang 等[141]提出了一种更加准确及全面的描述晶体材料孪生变形行为的模型:孪生与退孪生(twinning-detwinning,TDT)模型。一方面,TDT 模型允许所有孪生变体开启,同时,对某个晶粒,孪生发生后,将形成一个新的晶粒,并且新晶粒的取向发生相应变化;另一方面,TDT 模型包含了对退孪生行为的描述,可模拟材料反向及循环加载时的退孪生行为。目前,EVPSC-TDT 模型在镁合金材料中已经得到了广泛的应用,包括不同加载路径[142-144]、反向加载[145]、循环加载[146-148]、孪生对硬化的影响[149]、应力松弛[150]及镁合金面内压缩的快速硬化的机理[68]等。从上述研究中,可以反映出 EVPSC-TDT 模型相比 VPSC-PTR 模型,对 HCP 材料塑性变形宏微观行为的定量描述更加准确,然而,目前尚未将 EVPSC-TDT 模型应用于钛及钛合金材料塑性变形机制的相关研究。

1.6 本书的研究内容、方法和技术路线

1.6.1 主要研究内容

本书以考虑孪生-退孪生行为的弹黏塑性自洽(EVPSC-TDT)模型为基础,对两种 HCP 材料(镁合金和钛合金)的塑性变形机制进行系统的研究。考察

EVPSC-TDT 模型对 HCP 材料单调加载、加载-卸载-反向加载塑性变形行为的模拟和预测能力,并从应力-应变曲线、织构演化规律、各滑移/孪生系的相对开启率及孪晶体积分数演化规律等角度系统分析两种材料的塑性变形机制。本书的主要研究内容为:

(1) 镁合金轧制板材单调加载塑性变形机制

测试镁合金轧制板材大应变单调拉伸和压缩的应力-应变曲线,并开展基于 EVPSC-TDT 模型的镁合金单调加载数值模拟,研究镁合金单调加载的塑性变形机制,主要包括:应变硬化、拉压不对称性、面内各向异性等。

(2) 镁合金轧制板材加载-卸载-反向加载的塑性变形机制

测试镁合金轧制板材沿轧制方向压缩-卸载-拉伸的应力-应变曲线和织构演化规律,并开展基于 EVPSC-TDT 模型的镁合金压缩-卸载-拉伸的数值模拟,研究预压缩应变对反向拉伸塑性变形的影响机制。

(3) 钛合金轧制板材单调加载的塑性变形机制

开展基于 EVPSC-TDT 模型的钛合金轧制板材单调加载数值模拟,研究加载方向对应力-应变曲线、硬化率、织构演化及孪晶体积分数演化规律的影响,并分析引起钛合金板材各向异性特征的原因。

(4) 钛合金轧制板材加载-卸载-反向加载的塑性变形机制

开展钛合金轧制板材单调加载、加载-卸载-反向加载的数值模拟研究,研究加载路径对应力-应变曲线、织构演化和孪晶体积分数演化规律的影响,并分析钛合金轧制板材单调加载、加载-卸载-反向加载的滑移、孪生及退孪生机制。

1.6.2 研究方法及技术路线

(1) 镁合金轧制板材单调加载塑性变形机制

采用 AGX-50kN 电子万能试验机,对镁合金轧制板材沿 RD、TD、ND 及 RD-TD 面内 45°分别进行单轴拉伸和压缩试验,得到应力-应变曲线。结合 EVPSC-TDT 模型,模拟各方向单调拉伸和压缩的应力-应变曲线及织构演化规律,并对比试验结果,验证模拟结果的合理性。利用模拟得到的各滑移/孪生系的相对开启率和孪晶体积分数变化规律,系统分析镁合金 AZ31 轧制板材的面内各向异性及拉压不对称性的形成机制。并通过模拟得到的孪生耗尽晶粒数量随应变的变化率,分析镁合金 AZ31 轧制板材沿面内压缩及 ND 拉伸的应变硬化机制。

(2) 镁合金轧制板材加载-卸载-反向加载的塑性变形机制

采用 MTS809 疲劳试验机,对镁合金 AZ31 轧制板材沿 RD 进行压缩-卸载-拉伸试验,得到不同预压缩应变时反向拉伸的应力-应变曲线,并分析预压缩量对反向拉伸塑性变形的影响。利用 EBSD 技术,测试沿 RD 进行压缩-卸载-拉伸过程中的织构演化规律。利用 EVPSC-TDT 模型的数值计算程序,模拟沿 RD 进行压缩-卸载-拉伸的应力-应变曲线及织构演化规律,通过对比试验结果,验证模拟结果的合理性。通过分析各滑移/孪生系的相对开启率和孪晶体积分数演化规律,研究镁合金 AZ31 轧制板材沿 RD 进行压缩-卸载-拉伸的塑性变形机理。

(3)钛合金轧制板材单调加载的塑性变形机制

基于文献[79]关于钛合金轧制板材的试验结果[7],结合 EVPSC-TDT 模型,模拟沿 RD、TD 和 ND 单调拉伸和压缩的应力-应变曲线、织构演化和孪晶体积分数演化规律。并对比试验结果,验证模拟结果的合理性。结合模拟得到的各滑移/孪生系的相对开启率及孪晶体积分数演化规律,研究钛合金单调加载塑性变形中的滑移和孪生机制,并分析引起钛合金板材各向异性特征的原因。

(4)钛合金轧制板材加载-卸载-反向加载的塑性变形机制

基于文献[57-58]关于钛合金轧制板材的试验结果[8],结合 EVPSC-TDT 模型,模拟沿 RD、TD 和 RD-TD 面内 45°方向单调加载、加载-卸载-反向加载的应力-应变曲线及织构演化规律。对比试验结果,验证模拟结果的合理性。通过模拟得到的各滑移/孪生系的相对开启率及孪晶体积分数变化规律,分析钛合金轧制板材单调加载、拉伸-卸载-压缩及压缩-卸载-拉伸塑性变形的滑移、孪生和退孪生机制。

根据研究内容和方法,制定具体的研究技术路线,如图 1-11 所示。

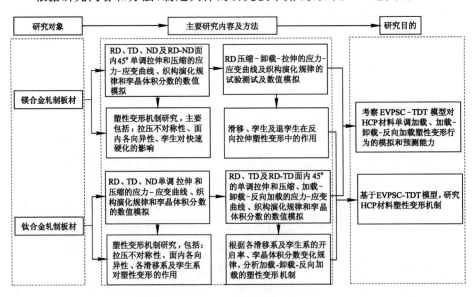

图 1-11　研究技术路线

1.7 本书的主要创新点

(1) 借助弹黏塑性自洽模型,首次实现了镁合金和钛合金板材沿板厚方向拉伸作用下织构演化规律的模拟,结果有效地反映了板厚方向拉伸塑性变形中多种孪生变体同时开启的复杂孪生行为,确保了各滑移/孪生系的相对开启率、孪生变体的体积分数等塑性变形机制参量分析的合理性。

(2) 借助弹黏塑性自洽模型,模拟得到了镁合金单调加载时孪生耗尽的晶粒数量随应变的变化规律,对比试验结果所得的硬化率演化规律可知,两者均呈现先快速上升,至峰值后迅速下降的特征,揭示了镁合金快速硬化的孪生机制。

(3) 在镁合金板材加载-卸载-反向加载的研究中,引入了退孪生分解剪切应力(CRSS)的弱化参数 k,完善了现有的弹黏塑性自洽模型,突破了现有模型在较小预加载应变时,反向拉伸屈服应力模拟结果大于试验值的研究瓶颈,有效地反映了反向拉伸时的退孪生行为。

(4) 首次借助弹黏塑性自洽模型模拟了钛合金板材单调加载、加载-卸载-反向加载的塑性变形行为。得到了各滑移/孪生系相对开启率及孪晶体积分数变化规律,且与试验结果有较好的印证性,揭示了钛合金板材各向异性特征的形成机制及加载-卸载-反向加载塑性变形中的滑移、孪生和退孪生机制。

2 考虑孪生-退孪生行为的弹黏塑性自洽本构模型

　　基于晶体塑性理论的多晶体材料本构模型中,晶粒尺度下单晶体的弹塑性本构模型经过了近一个世纪的发展,已经形成了系统的理论体系[108,112-113,151-179]。然而,由于晶粒之间的相互作用,多晶体材料中的边界自由度极高,导致基于单晶体的弹塑性本构关系实现多晶材料塑性变形行为的描述极为困难[140]。为了克服上述困难,学者们在单晶体塑性本构关系的基础上,采用不同的简化方法,提出了几种多晶体塑性模型。虽然这些模型并不能精确地模拟多晶体中每个晶粒的力学行为,但得到了具有统计意义的结果。最具代表性的有 Taylor 模型[6]、Sachs 模型[116]、黏塑性自洽模型[131]及弹塑性自洽模型[129],但上述模型均不能实现多晶体材料完全弹黏塑性行为的模拟。近年来,H. Wang 等提出了弹黏塑性自洽(EVPSC)模型[140],该模型同时考虑了多晶体材料的弹性各向异性行为以及率相关的黏塑性特征,可实现多晶材料完全弹黏塑性行为的模拟。然而,晶体材料的塑性变形机制包括滑移和孪生,且具有密排六方晶体结构的HCP 材料,孪生通常是影响塑性变形的主要变形模式,因此,还需引入相关的孪生模型,实现多晶 HCP 材料塑性变形行为的描述。近年来,H. Wang 等开发的孪生-退孪生(TDT)模型[141,180],已被证明可以实现多晶体材料孪生行为的准确模拟[142-143,146,148-149]。本书的主要内容是基于 EVPSC-TDT 模型,研究 HCP 材料塑性变形机制。本章首先介绍单晶体的塑性本构关系,然后介绍 EVPSC 模型和 TDT 模型,并给出 EVPSC-TDT 模型的数值模拟实施过程。最后,结合EVPSC-TDT 模型的数值计算程序,给出了 HCP 材料的数值模拟方法。

2.1 单晶体的塑性本构模型

　　晶体材料的变形主要包括两部分:一部分是晶格畸变及刚性转动引起的变形,可看作连续介质中的弹性变形;另一部分是位错沿着特定的晶面和晶向的滑移。虽然位错引起的滑移在晶体中是离散分布的,且滑移将引起晶体内部的位移间断,难以直接用连续介质力学的方法来处理,但发生塑性变形时,晶体内部将产生大量的位错,因此,可以从宏观的角度假设位错在晶体内部是均匀分布的。进一步,可采用连续介质力学的场变量变形梯度张量描述滑移的宏观效应[178]。早在 20 世纪，G. I. Taylor[108] 和 E. Schmid 等[179] 提出了晶体的均匀滑移模型，随后，R. Hill 等[112-113] 和 R. J. Asaro 等[123,181] 都对晶体塑性的几何学和运动学进行了严格的描述。

2.1.1 晶体的变形运动学

基于有限变形理论，单晶的变形可以通过变形梯度张量 $\boldsymbol{F}$ 及速度梯度张量 $\boldsymbol{l}$ 来描述：

$$\boldsymbol{F} = \frac{\partial \boldsymbol{x}}{\partial \boldsymbol{X}} \tag{2-1}$$

$$\boldsymbol{l} = \frac{\partial \boldsymbol{v}}{\partial \boldsymbol{X}} \tag{2-2}$$

式中，$\boldsymbol{x}$ 为物体点的空间坐标，即当前构形；$\boldsymbol{X}$ 为物体点的物质坐标，即参考构形；$\boldsymbol{v}$ 是点 $\boldsymbol{x}$ 在变形后晶粒中的速度。根据有限变形理论，变形梯度张量 $\boldsymbol{F}$ 和速度梯度张量 $\boldsymbol{l}$ 具有如下的关系：

$$\dot{\boldsymbol{F}} = \boldsymbol{l} \cdot \boldsymbol{F} \tag{2-3}$$

将变形梯度张量 $\boldsymbol{F}$ 分解为弹性和塑性两部分：

$$\boldsymbol{F} = \boldsymbol{F}^e \cdot \boldsymbol{F}^p \tag{2-4}$$

由式(2-3)、式(2-4)可以得出：

$$\boldsymbol{l} = \dot{\boldsymbol{F}} \cdot \boldsymbol{F}^{-1} = \dot{\boldsymbol{F}}^e \cdot (\boldsymbol{F}^e)^{-1} + \boldsymbol{F}^e \cdot \dot{\boldsymbol{F}}^p \cdot (\boldsymbol{F}^p)^{-1} \cdot (\boldsymbol{F}^e)^{-1} \tag{2-5}$$

令

$$\boldsymbol{l}^e = \dot{\boldsymbol{F}}^e \cdot (\boldsymbol{F}^e)^{-1}$$

$$\boldsymbol{l}^p = \boldsymbol{F}^e \cdot \dot{\boldsymbol{F}}^p \cdot (\boldsymbol{F}^p)^{-1} \cdot (\boldsymbol{F}^e)^{-1}$$

可将速度梯度张量 $\boldsymbol{l}$ 分解为弹性和塑性两部分：

$$\boldsymbol{l} = \boldsymbol{l}^e + \boldsymbol{l}^p \tag{2-6}$$

进一步可用对称和反对称形式表示：

$$\begin{aligned} \boldsymbol{l} &= \boldsymbol{d} + \boldsymbol{w} \\ \boldsymbol{l}^e &= \boldsymbol{d}^e + \boldsymbol{w}^e \\ \boldsymbol{l}^p &= \boldsymbol{d}^p + \boldsymbol{w}^p \end{aligned} \tag{2-7}$$

式中，$\boldsymbol{d}$、$\boldsymbol{w}$ 分别为应变率张量和旋率张量，具体为：

$$\begin{cases} \boldsymbol{d} = \dfrac{1}{2}(\boldsymbol{l} + \boldsymbol{l}^{\mathrm{T}}) \\ \boldsymbol{w} = \dfrac{1}{2}(\boldsymbol{l} - \boldsymbol{l}^{\mathrm{T}}) \end{cases} \tag{2-8a}$$

应变率张量 $\boldsymbol{d}$ 和旋率张量 $\boldsymbol{w}$ 的弹性部分和塑性部分分别为：

$$\begin{cases} \boldsymbol{d}^e = \dfrac{1}{2}\left[\boldsymbol{l}^e + (\boldsymbol{l}^e)^{\mathrm{T}}\right] \\[2mm] \boldsymbol{w}^e = \dfrac{1}{2}\left[\boldsymbol{l}^e - (\boldsymbol{l}^e)^{\mathrm{T}}\right] \\[2mm] \boldsymbol{d}^p = \dfrac{1}{2}\left[\boldsymbol{l}^p + (\boldsymbol{l}^p)^{\mathrm{T}}\right] \\[2mm] \boldsymbol{w}^p = \dfrac{1}{2}\left[\boldsymbol{l}^p + (\boldsymbol{l}^p)^{\mathrm{T}}\right] \end{cases} \tag{2-8b}$$

单晶体材料的塑性变形由滑移或孪生引起,假设发生塑性变形后,由 α 滑移系或孪生系引起的剪切应变率为 $\dot{\gamma}^\alpha$,定义 $\dot{\gamma}^\alpha$ 与 $\boldsymbol{l}^p$ 满足下列关系:

$$\begin{cases} \boldsymbol{l}^p = \displaystyle\sum_\alpha \dot{\gamma}^\alpha \boldsymbol{s}^\alpha \boldsymbol{n}^\alpha \\[2mm] \boldsymbol{s}^\alpha = \boldsymbol{F}^e \cdot \boldsymbol{s}_0^\alpha \\[2mm] \boldsymbol{n}^\alpha = \boldsymbol{n}_0^\alpha \cdot (\boldsymbol{F}^e)^{-1} \end{cases} \tag{2-9}$$

式(2-9)中,$\boldsymbol{s}^\alpha$、$\boldsymbol{n}^\alpha$ 分别为 α 滑移/孪生系在当前构形下的滑移方向及滑移面法向,$\boldsymbol{s}_0^\alpha$、$\boldsymbol{n}_0^\alpha$ 分别为 α 滑移/孪生系在参考构形下的滑移方向及滑移面法向。结合式(2-8)和式(2-9)可以得出:

$$\boldsymbol{d}^p = \frac{1}{2}\left[\boldsymbol{l}^p + (\boldsymbol{l}^p)^{\mathrm{T}}\right] = \sum_\alpha \dot{\gamma}^\alpha \boldsymbol{P}^\alpha, \boldsymbol{P}^\alpha = \frac{1}{2}(\boldsymbol{s}^\alpha \boldsymbol{n}^\alpha + \boldsymbol{n}^\alpha \boldsymbol{s}^\alpha) \tag{2-10}$$

$$\boldsymbol{w}^p = \frac{1}{2}\left[\boldsymbol{l}^p + (\boldsymbol{l}^p)^{\mathrm{T}}\right] = \sum_\alpha \dot{\gamma}^\alpha \boldsymbol{R}^\alpha, \boldsymbol{R}^\alpha = \frac{1}{2}(\boldsymbol{s}^\alpha \boldsymbol{n}^\alpha - \boldsymbol{n}^\alpha \boldsymbol{s}^\alpha) \tag{2-11}$$

2.1.2 单晶体的本构关系

根据有限变形理论,材料的弹性本构关系为[178]:

$$\overset{\triangledown *}{\boldsymbol{\tau}} = \boldsymbol{L} : \boldsymbol{d}^e \tag{2-12}$$

式中,$\boldsymbol{L}$ 为四阶弹性张量;$\overset{\triangledown *}{\boldsymbol{\tau}}$ 为基于晶格旋转坐标系 $\boldsymbol{w}^e$ 的 Kirchhoff 应力张量的 Jaumann 率。上式用 Cauchy 应力张量可表示为:

$$\overset{\triangledown *}{\boldsymbol{\sigma}} + \boldsymbol{\sigma}\,\mathrm{tr}(\boldsymbol{d}^e) = \boldsymbol{L} : \boldsymbol{d}^e \tag{2-13}$$

式中,$\overset{\triangledown *}{\boldsymbol{\sigma}}$ 为基于晶格旋转坐标系 $\boldsymbol{w}^e$ 的 Cauchy 应力张量的 Jaumann 率,其中:

$$\overset{\triangledown *}{\boldsymbol{\sigma}} = \dot{\boldsymbol{\sigma}} - \boldsymbol{w}^e \cdot \boldsymbol{\sigma} + \boldsymbol{\sigma} \cdot \boldsymbol{w}^e \tag{2-14}$$

对于晶格旋转坐标系 $\boldsymbol{w}$,Cauchy 应力张量的 Jaumann 率 $\overset{\triangledown}{\boldsymbol{\sigma}}$ 为:

$$\overset{\triangledown}{\boldsymbol{\sigma}} = \dot{\boldsymbol{\sigma}} - \boldsymbol{w} \cdot \boldsymbol{\sigma} + \boldsymbol{\sigma} \cdot \boldsymbol{w} = \overset{\triangledown *}{\boldsymbol{\sigma}} - (\boldsymbol{w} - \boldsymbol{w}^e) \cdot \boldsymbol{\sigma} + \boldsymbol{\sigma} \cdot (\boldsymbol{w} - \boldsymbol{w}^e) = \overset{\triangledown *}{\boldsymbol{\sigma}} - \boldsymbol{w}^p \cdot \boldsymbol{\sigma} + \boldsymbol{\sigma} \cdot \boldsymbol{w}^p \tag{2-15}$$

由式(2-13)~式(2-15)可得:

$$\overset{\triangledown}{\boldsymbol{\sigma}} + \boldsymbol{\sigma}\,\mathrm{tr}(\boldsymbol{d}) = \boldsymbol{L} : (\boldsymbol{d} - \boldsymbol{d}^p) - \boldsymbol{w}^p \cdot \boldsymbol{\sigma} + \boldsymbol{\sigma} \cdot \boldsymbol{w}^p \tag{2-16}$$

结合式(2-6)~式(2-8),可将式(2-16)改为:

$$\overset{\triangledown}{\boldsymbol{\sigma}}+\boldsymbol{\sigma}\mathrm{tr}\left[\frac{1}{2}(\boldsymbol{l}+\boldsymbol{l}^{\mathrm{T}})\right]=\boldsymbol{L}:\left[\frac{1}{2}(\boldsymbol{l}+\boldsymbol{l}^{\mathrm{T}})-\boldsymbol{d}^{p}\right]-\boldsymbol{w}^{p}\cdot\boldsymbol{\sigma}+\boldsymbol{\sigma}\cdot\boldsymbol{w}^{p} \quad (2\text{-}17)$$

联立式(2-15)可求得 Cauchy 应力率 $\dot{\boldsymbol{\sigma}}$ 为：

$$\dot{\boldsymbol{\sigma}}=\boldsymbol{L}:\frac{1}{2}(\boldsymbol{l}+\boldsymbol{l}^{\mathrm{T}})-\boldsymbol{\sigma}\mathrm{tr}\left[\frac{1}{2}(\boldsymbol{l}+\boldsymbol{l}^{\mathrm{T}})\right]+\frac{1}{2}(\boldsymbol{l}-\boldsymbol{l}^{\mathrm{T}})\cdot\boldsymbol{\sigma}-$$

$$\frac{1}{2}\boldsymbol{\sigma}\cdot(\boldsymbol{l}-\boldsymbol{l}^{\mathrm{T}})-\boldsymbol{L}:\boldsymbol{d}^{p}-\boldsymbol{w}^{p}\cdot\boldsymbol{\sigma}+\boldsymbol{\sigma}\cdot\boldsymbol{w}^{p}$$

将上式写成分量形式并整理后得到：

$$\dot{\sigma}_{ij}=L'_{ijkl}l_{kl}-\dot{\sigma}^{0}_{ij} \quad (2\text{-}18)$$

式(2-18)中：

$$L'_{ijkl}=L_{ijkl}-\sigma_{ij}\delta_{kl}+\frac{1}{2}\delta_{ik}\sigma_{jl}-\frac{1}{2}\delta_{il}\sigma_{jk}-\frac{1}{2}\delta_{jl}\sigma_{ik}+\frac{1}{2}\delta_{jk}\sigma_{il} \quad (2\text{-}19)$$

$$\dot{\sigma}^{0}_{ij}=L_{ijkl}d^{p}_{kl}+w^{p}_{ik}\sigma_{kj}-\sigma_{ik}w^{p}_{kj} \quad (2\text{-}20)$$

进而可由式(2-18)得到速度梯度张量 $\boldsymbol{l}$ 为：

$$l_{ij}=A_{ijkl}\dot{\sigma}_{kl}+l^{b}_{ij} \quad (2\text{-}21)$$

式(2-21)中，$A_{ijkl}=(L'_{ijkl})^{-1}$，$l^{b}_{ij}=A_{ijkl}\dot{\sigma}^{0}_{kl}$。

式(2-21)建立了速度梯度张量 $\boldsymbol{l}$、应力率 $\dot{\boldsymbol{\sigma}}$ 和应力张量 $\boldsymbol{\sigma}$ 的关系，然而，l^{b}_{ij} 中仍然包含塑性速度梯度张量 $\boldsymbol{l}^{p}$ 的对称与反对称部分，结合式(2-9)可知，仍需引入 α 滑移系或孪生系的剪切应变率 $\dot{\gamma}^{\alpha}$ 与 Cauchy 应力张量 $\boldsymbol{\sigma}$ 之间的关系，实现速度梯度张量 $\boldsymbol{l}$ 与应力率 $\dot{\boldsymbol{\sigma}}$ 及应力张量 $\boldsymbol{\sigma}$ 关系的完整描述。这里先引入 α 滑移系或孪生系的分解剪切应力 τ^{α}：

$$\tau^{\alpha}=\boldsymbol{\sigma}:\boldsymbol{P}^{\alpha} \quad (2\text{-}22)$$

对于率相关的晶体材料，剪切应变率 $\dot{\gamma}^{\alpha}$ 依赖于分解剪切应力 τ^{α}、临界分解剪切应力 τ^{α}_{c} 及率相关指数 m 等：

$$\dot{\gamma}^{\alpha}=\dot{\gamma}^{\alpha}(\tau^{\alpha},\tau^{\alpha}_{c},m,\cdots) \quad (2\text{-}23)$$

根据 C. N. Tomé 等的研究[137]，上述关系可表示为：

$$\dot{\gamma}^{\alpha}=\dot{\gamma}^{\alpha}_{0}\left|\frac{\tau^{\alpha}}{\tau^{\alpha}_{c}}\right|^{1/m}\mathrm{sgn}(\tau^{\alpha}) \quad （滑移系）$$

$$\begin{cases}\dot{\gamma}^{\alpha}=\dot{\gamma}^{\alpha}_{0}\left|\dfrac{\tau^{\alpha}}{\tau^{\alpha}_{c}}\right|^{1/m} & (\tau^{\alpha}>0) \\ \dot{\gamma}^{\alpha}=0 & (\tau^{\alpha}<0)\end{cases} \quad （孪生系） \quad (2\text{-}24)$$

式(2-24)中，$\dot{\gamma}^{\alpha}_{0}$ 为参考剪切应变率，m 为率敏感指数，sgn 为符号函数。

结合式(2-10)、式(2-22)和式(2-24)可通过剪切应变率 $\dot{\gamma}^{\alpha}_{0}$，将 $\boldsymbol{d}^{p}$、$\boldsymbol{w}^{p}$ 与 $\boldsymbol{\sigma}$ 联系起来：

$$d^p = \sum_\alpha \dot{\gamma}^\alpha \boldsymbol{P}^\alpha = \dot{\gamma}_0^\alpha \sum_\alpha \left[\left| \frac{\tau^\alpha}{\tau_c^\alpha} \right|^{1/m} \mathrm{sgn}(\tau^\alpha) \boldsymbol{P}^\alpha \right] = \dot{\gamma}_0^\alpha \sum_\alpha \left[\left| \frac{\boldsymbol{\sigma} : \boldsymbol{P}^\alpha}{\tau_c^\alpha} \right|^{1/m} \mathrm{sgn}(\tau^\alpha) \boldsymbol{P}^\alpha \right]$$

$$(2\text{-}25)$$

$$w^p = \sum_\alpha \dot{\gamma}^\alpha \boldsymbol{R}^\alpha = \dot{\gamma}_0^\alpha \sum_\alpha \left[\left| \frac{\tau^\alpha}{\tau_c^\alpha} \right|^{1/m} \mathrm{sgn}(\tau^\alpha) \boldsymbol{R}^\alpha \right] = \dot{\gamma}_0^\alpha \sum_\alpha \left[\left| \frac{\boldsymbol{\sigma} : \boldsymbol{P}^\alpha}{\tau_c^\alpha} \right|^{1/m} \mathrm{sgn}(\tau^\alpha) \boldsymbol{R}^\alpha \right]$$

$$(2\text{-}26)$$

进而,将式(2-21)中的 l_{ij}^b 简化为如下的准线性公式:

$$l_{ij}^b = A_{ijkl}^v \sigma^{kl} + l_{ij}^0 \tag{2-27}$$

式(2-27)中,A_{ijkl}^v 为黏塑性柔度张量,l_{ij}^0 为反向外推项,可采用不同的线性化方案进行处理[5]。则速度梯度张量 $\boldsymbol{l}$ 可表示为:

$$l_{ij} = A_{ijkl} \dot{\sigma}_{kl} + A_{ijkl}^v \sigma^{kl} + l_{ij}^0 \tag{2-28}$$

进而可得到速度梯度张量 $\boldsymbol{l}$ 的对称和反对称部分,即应变率张量和旋率张量,分别为:

$$d_{ij} = M_{ijkl}^e \dot{\sigma}_{kl} + M_{ijkl}^v \sigma_{kl} + d_{ij}^0 \tag{2-29}$$

$$w_{ij} = N_{ijkl}^e \dot{\sigma}_{kl} + N_{ijkl}^v \sigma_{kl} + w_{ij}^0 \tag{2-30}$$

式(2-29)和式(2-30)中:

$$M_{ijkl}^e = \frac{1}{2}(A_{ijkl} + A_{jikl}) \quad M_{ijkl}^v = \frac{1}{2}(A_{ijkl}^v + A_{jikl}^v) \quad d_{ij}^0 = \frac{1}{2}(l_{ij}^0 + l_{ji}^0)$$

$$(2\text{-}31)$$

$$N_{ijkl}^e = \frac{1}{2}(A_{ijkl} - A_{jikl}) \quad N_{ijkl}^v = \frac{1}{2}(A_{ijkl}^v - A_{jikl}^v) \quad w_{ij}^0 = \frac{1}{2}(l_{ij}^0 - l_{ji}^0)$$

$$(2\text{-}32)$$

以上即为单晶体的本构关系,而对于临界分解剪切应力 τ_c^α,仍需要相关的硬化方法进行完善。

2.1.3 硬化模型

对于上一节中的单晶本构关系,仍需合适的硬化模型实现对单晶体塑性变形的描述。目前,关于晶体材料的硬化模型主要有 Anand 硬化模型[123] 和 VOCE 硬化模型等,本书中主要采用 VOCE 硬化模型。具体为:

$$\hat{\tau}^\alpha = \tau_0^\alpha + (\tau_1^\alpha + h_1^\alpha \Gamma) \left[1 - \exp\left(-\frac{h_0^\alpha}{\tau_1^\alpha} \Gamma \right) \right] \tag{2-33}$$

式中,$\hat{\tau}^\alpha$、τ_0^α 分别为 α 滑移系或孪生系的临界分解剪切应力和初始临界分解剪切应力,h_0^α、h_1^α 分别为初始硬化率及渐进的硬化率,$\tau_0^\alpha + \tau_1^\alpha$ 为临界分解剪切应力的反向外推值,$\Gamma\left(\Gamma = \sum_\alpha \Delta\gamma^\alpha \right)$ 为各滑移系和孪生系的累积剪切应变。硬化模型

中,需考虑各滑移系和孪生系之间的自硬化和潜在硬化作用,则临界分解剪切应力的增量可表示为:

$$\Delta \tau_c^\alpha = \frac{\mathrm{d}\hat{\tau}^\alpha}{\mathrm{d}\Gamma} \sum_\beta h^{\alpha\beta} \dot{\gamma}^\beta \tag{2-34}$$

式中,$\frac{\mathrm{d}\hat{\tau}^\alpha}{\mathrm{d}\Gamma} = \left[h_1 + \left(\left| \frac{h_0}{\tau_1} \right| \tau_1 - h_1 \right) \exp\left(-\Gamma \left| \frac{h_0}{\tau_1} \right| \right) + \left| \frac{h_0}{\tau_1} \right| h_1 \Gamma \exp\left(-\Gamma \left| \frac{h_0}{\tau_1} \right| \right) \right]$;$h^{\alpha\beta}$ 为 β 对 α 滑移系或孪生系的潜在硬化系数,当 $\beta=\alpha$ 时,则表示自硬化系数。

2.2 弹黏塑性自洽模型

多晶体材料可以看作许多单晶的集合,因此,基于 2.1 节中单晶体的本构模型,可以实现对多晶体材料塑性变形行为的描述。然而,实际多晶体材料包含的晶粒数量较多,且晶粒的取向方位分布并不固定,难以精确地通过数学方法得到在特定的宏观载荷下每一个晶粒的应力-应变响应。因此,需要采用一定的假设,得到具有统计意义的多晶体材料的宏微观力学响应。

为了区分单晶体与多晶体,针对单晶体,将式(2-29)和式(2-30)改为:

$$d_{ij} = M_{ijkl}^{e(r)} \dot{\sigma}_{kl} + M_{ijkl}^{v(r)} \sigma_{kl} + d_{ij}^0 \tag{2-35}$$
$$w_{ij} = N_{ijkl}^{e(r)} \dot{\sigma}_{kl} + N_{ijkl}^{v(r)} \sigma_{kl} + w_{ij}^0 \tag{2-36}$$

式(2-35)和式(2-36)中,上标(r)表示晶粒局部变量。

对于多晶体材料,宏观应变率张量 $\boldsymbol{D}$、旋率张量 $\boldsymbol{W}$ 及 Cauchy 应力张量 $\dot{\boldsymbol{\Sigma}}$ 可定义为:

$$\boldsymbol{D} = <\boldsymbol{d}> = \frac{1}{V} \int \boldsymbol{d} \mathrm{d}V$$
$$\boldsymbol{W} = <\boldsymbol{w}> = \frac{1}{V} \int \boldsymbol{w} \mathrm{d}V \tag{2-37}$$
$$\dot{\boldsymbol{\Sigma}} = <\dot{\boldsymbol{\sigma}}> = \frac{1}{V} \int \dot{\boldsymbol{\sigma}} \mathrm{d}V$$

式(2-37)中,V 为多晶体的体积,$<>$符号表示体积平均量。

对式(2-35)采用式(2-37)的均匀化处理后,可得到多晶体材料的线性化本构关系:

$$\boldsymbol{D} = \boldsymbol{M}^e \dot{\boldsymbol{\Sigma}} + \boldsymbol{M}^v \boldsymbol{\Sigma} + \boldsymbol{D}^0 \tag{2-38}$$

式中,$\boldsymbol{M}^e$、$\boldsymbol{M}^v$ 和 $\boldsymbol{D}^0$ 分别为宏观弹性柔度张量、宏观黏塑性张量及宏观反向外推项。

基于 A. Molinari 等[182-183] 的研究,并结合 $\boldsymbol{d} = \boldsymbol{d}^e + \boldsymbol{d}^p$,$\boldsymbol{D} = \boldsymbol{D}^e + \boldsymbol{D}^p$,将式(2-35)和式(2-38)分解为弹性及黏塑性两部分:

$$d_{ij}^e = M_{ijkl}^{e(r)} \dot{\sigma}_{kl} \tag{2-39}$$

$$d_{ij}^p = M_{ijkl}^{v(r)} \sigma_{kl} + d_{ij}^0 \tag{2-40}$$

$$D_{ij}^e = M_{ijkl}^e \dot{\Sigma}_{kl} \tag{2-41}$$

$$D_{ij}^p = M_{ijkl}^v \Sigma_{kl} + D_{ij}^0 \tag{2-42}$$

式中,$M_{ijkl}^{e(r)}$、$M_{ijkl}^{v(r)}$、M_{ijkl}^e、M_{ijkl}^v、D_{ij}^0 和 d_{ij}^0 均为未知量,需要在求解过程中更新,因此,可分别对弹性和黏塑性部分进行处理,并结合相关的线性化方案,得到上述 6 个张量。然后通过总体和晶粒局部之间的联系,得到多晶体材料在特定加载方式下的宏微观力学响应。

2.2.1 黏塑性部分

针对式(2-40)和式(2-42)所示的黏塑性本构关系,可借助 P. A. Turner 等[129,131,184] 在 VPSC 模型中的方法来求解。首先,假设刚塑性的椭球体夹杂于无限大的均匀黏塑性体 V 中,对于单晶体,其本构方程为:

$$d^p = M^{v(r)} \sigma + d^0 \tag{2-43}$$

黏塑性体 V 的本构关系为:

$$D^p = M^v \Sigma + D^0 \tag{2-44}$$

基于等效夹杂理论[185],夹杂体的本构关系可用均匀黏塑性体 V 的宏观柔度张量 M^v 及一个虚构应变率张量 $d *$ 表示:

$$d^p = M^v \sigma + D^p + d * \tag{2-45}$$

进而得到:

$$\tilde{\sigma} = C^v (\tilde{d}^p - d *) \tag{2-46}$$

式中,$C^v = (M^v)^{-1}$,上标～表示局部量与对应的宏观张量之间的差值。结合格林方程及无限大黏塑性体的边界条件可得:

$$\tilde{d}_{ij}^p = J_{ijmn}^{v(r)} C_{mnkl}^v d_{kl}^* = T_{ijkl}^{v(r)} d_{kl}^* \tag{2-47}$$

式(2-47)中:

$$J_{ijmn}^{v(r)} = \int_\Omega G_{in,mj}(x - x') \mathrm{d}x'$$

$$T_{ijkl}^{v(r)} = J_{ijmn}^{v(r)} C_{mnkl}^v$$

联立式(2-46)和式(2-47),消除 $d *$ 后可得:

$$\tilde{d}_{ij}^p = d_{ij}^p - D_{ij}^p = -\hat{M}_{ijkl}^{v(r)} \tilde{\sigma}_{kl} \tag{2-48}$$

式(2-48)中,$\hat{M}_{ijkl}^{v(r)} = (I_{ijmn} - T_{ijmn}^{v(r)})^{-1} T_{mnpq}^{v(r)} M_{pqkl}^v$。

结合式(2-43)、式(2-44)和式(2-48),得到晶粒局部的 Cauchy 应力 σ 与宏观应力 Σ 的关系:

$$\sigma_{ij} = B_{ijkl}^{v(r)} \Sigma_{kl} + b_{ij} \tag{2-49}$$

式(2-49)中：

$$B_{ijkl}^{v(r)} = (M_{ijmn}^{v(r)} + \hat{M}_{ijmn}^{v(r)})^{-1}(M_{mnpq}^{v} + \hat{M}_{mnpq}^{v(r)}) \qquad (2\text{-}50)$$

$$b_{ij} = (M_{ijmn}^{v(r)} + \hat{M}_{ijmn}^{v(r)})^{-1}(D_{mn}^{0} - d_{mn}^{0}) \qquad (2\text{-}51)$$

2.2.2 弹性部分

式(2-39)中的弹性部分，可假定为一个弹性晶粒夹杂在无限大的弹性体中，针对此问题，H. Wang 等[140]已基于 S. Nemat-Nasser 等[76]的研究给出了解答：

$$\tilde{d}_{ij}^{e} = d_{ij}^{e} - D_{ij}^{e} = -\hat{M}_{ijkl}^{e(r)}\tilde{\dot{\sigma}}_{kl} \qquad (2\text{-}52)$$

$$\dot{\sigma}_{ij} = B_{ijkl}^{e(r)}\dot{\Sigma}_{kl} \qquad (2\text{-}53)$$

$$B_{ijkl}^{e(r)} = (M_{ijmn}^{e(r)} + \hat{M}_{ijmn}^{e(r)})^{-1}(M_{mnpq}^{e(r)} + \hat{M}_{mnpq}^{e(r)}) \qquad (2\text{-}54)$$

式(2-54)中，$\hat{M}^{e(r)}$ 为弹性相互作用张量，由 $(M^{e})^{-1}$ 求解格林方程得到。

2.2.3 弹黏塑性解

联合式(2-35)、式(2-49)、式(2-53)可得：

$$M_{ijkl}^{e}\dot{\Sigma}_{kl} + M_{ijkl}^{v}\Sigma_{kl} + D_{ij}^{0} = <M_{ijmn}^{e(r)}B_{mnkl}^{e(r)}>\dot{\Sigma}_{kl} + <M_{ijmn}^{v(r)}B_{mnkl}^{v(r)}>\Sigma_{kl} + <M_{ijkl}^{v(r)}b_{kl} + d_{ij}^{0}> \qquad (2\text{-}55)$$

进而得到：

$$\begin{cases} M_{ijkl}^{e} = <M_{ijmn}^{e(r)}B_{mnkl}^{e(r)}> \\ M_{ijkl}^{v} = <M_{ijmn}^{v(r)}B_{mnkl}^{v(r)}> \\ D_{ij}^{0} = <M_{ijkl}^{v(r)}b_{kl} + d_{ij}^{0}> \end{cases} \qquad (2\text{-}56)$$

根据 L. J. Walpole 等[186-187]的研究，式(2-56)还可以用更一般的形式表示：

$$\begin{cases} M_{ijkl}^{e} = <M_{ijmn}^{e(r)}B_{mnpq}^{e(r)}><B_{pqkl}^{e(r)}>^{-1} \\ M_{ijkl}^{v} = <M_{ijmn}^{v(r)}B_{mnpq}^{v(r)}><B_{pqkl}^{v(r)}>^{-1} \\ D_{ij}^{0} = <M_{ijkl}^{v(r)}b_{kl} + d_{ij}^{0}> - M_{ijkl}^{v}<b_{kl}> \end{cases} \qquad (2\text{-}57)$$

式(2-57)适用于晶粒形状不同时的计算，但式(2-56)仅适用于所有晶粒形状均相同的情况，为式(2-57)的一种特殊形式。

通过式(2-54)和式(2-56)联合可形成关于 M_{ijkl}^{e} 的自洽方案；通过式(2-50)、式(2-51)和式(2-56)，并结合相关的线性化方案，可得到 M_{ijkl}^{v} 和 D_{ij}^{0} 的自洽方案。进而可由式(2-44)求得 D_{ij}^{p}，再求得 Σ_{ij}。

进一步联合式(2-48)和式(2-52)，得到：

$$\tilde{d}_{ij} = \tilde{d}_{ij}^{e} + \tilde{d}_{ij}^{p} = -\hat{M}_{ijkl}^{e(r)}(\dot{\sigma}_{kl} - \dot{\Sigma}_{kl}) - \hat{M}_{ijkl}^{v(r)}(\sigma_{kl} - \Sigma_{kl}) \qquad (2\text{-}58)$$

结合式(2-13)、式(2-14)及式(2-25)，可将式(2-58)左边用 σ_{ij} 和 $\dot{\sigma}_{ij}$ 表示：

$$L_{ijkl}^{-1}(\dot{\sigma}_{kl} - w_{kl}^e \cdot \sigma_{kl} + \sigma_{kl} \cdot w_{kl}^e) + \dot{\gamma}_0^a \sum_a \left[\left| \frac{\sigma_{ij} : P_{ij}^a}{\tau_c^a} \right|^{1/m} \mathrm{sgn}(\tau^a) P_{ij}^a \right] - D_{ij} =$$
$$-\hat{M}_{ijkl}^{e(r)}(\dot{\sigma}_{kl} - \dot{\Sigma}_{kl}) - \hat{M}_{ijkl}^{v(r)}(\sigma_{kl} - \Sigma_{kl}) \qquad (2\text{-}59)$$

当宏观应变率 D_{ij} 为定值时,采用增量形式,在给定的应变增量下,式(2-59)将转化为仅有 $\Delta\sigma_{ij}$ 为未知量的非线性方程组,结合 Newton-Raphson 方法,可求出各晶粒的 $\Delta\sigma_{ij}$。最终求得各晶粒的局部应力张量 $\boldsymbol{\sigma}$ 和应变率张量 $\boldsymbol{d}$,并由式(2-36)和式(2-37)得到各晶粒的旋率张量 $\boldsymbol{w}$ 和宏观旋率张量 $\boldsymbol{W}$。

2.2.4   线性化方案

前述求解 M_{ijkl}^v 时,涉及关于各晶粒的 $M_{ijkl}^{v(r)}$ 的求解,需采用不同的线性化方案对式(2-27)进行处理,目前,主要有以下四种线性化方案:

(1) Secant 模型[188]

$$\begin{cases} A_{ijkl}^{v(r),\mathrm{sec}} = A_{ijpq}^{(r)}(C_{pqmn}^{(r)} M_{mnkl}^{p(r)} + N_{pmkl}^{p(r)} \sigma_{mq}^{(r)} - \sigma_{pm}^{(r)} N_{mqkl}^{p(r)}) \\ l_{ij}^{0(r),\mathrm{sec}} = 0 \end{cases} \qquad (2\text{-}60)$$

(2) Affine 模型[189-190]

$$\begin{cases} A_{ijkl}^{v(r),\mathrm{aff}} = \dfrac{A_{ijkl}^{v(r),\mathrm{sec}}}{m^{\mathrm{aff}}} \\ l_{ij}^{0(r),\mathrm{aff}} = (1 - \dfrac{1}{m}) A_{ijkl}^{v(r),\mathrm{sec}} \sigma_{kl}^{(r)} \end{cases} \qquad (2\text{-}61)$$

(3) Tangent 模型[131]

$$\begin{cases} A_{ijkl}^{v(r),\mathrm{tg}} = \dfrac{A_{ijkl}^{v(r),\mathrm{sec}}}{m^{\mathrm{tg}}} \\ l_{ij}^{0(r),\mathrm{tg}} = 0 \end{cases} \qquad (2\text{-}62)$$

(4) Meff 模型[190]

$$\begin{cases} A_{ijkl}^{v(r),\mathrm{meff}} = \dfrac{A_{ijkl}^{v(r),\mathrm{sec}}}{m^{\mathrm{meff}}} \\ l_{ij}^{0(r),\mathrm{meff}} = 0 \end{cases} \qquad (2\text{-}63)$$

可以看出,Meff 模型由 Tangent 模型修改而来,仅将 Tangent 模型中的率敏感系数 m 改为了 m^{meff}。

2.3   孪生-退孪生模型

EVPSC 模型中,考虑了滑移和孪生所引起的塑性变形,但多晶体材料中的孪生行为与滑移存在一些差异:孪生具有一定的极性,当晶粒中 α 孪生系的分解剪切应力 $\tau^a < 0$ 时,不能驱动孪生开启,该特征可由式(2-25)描述;孪生开启后,

将沿着特定的孪生面发生一定角度的晶体学转动,如镁中$\{10\bar{1}2\}$孪生开启后将引起 86.3° 的晶格转动,对材料的取向分布造成较大的影响;孪晶的形成过程一般包括形核和扩展两个过程,且当孪晶体积分数达到一定值后将不再增长,即发生孪生耗尽,因此,模型中应采取相关措施,合理控制孪晶体积分数的增长;在特定的加载条件下,如加载后反向加载、循环加载等,将发生退孪生现象,孪晶带减小、变窄甚至消失,因而需要对模型做进一步的处理以实现退孪生行为的描述;孪晶形成后,孪晶内部可能继续产生孪晶,形成二次孪晶,因此,关于孪生行为的描述时应考虑二次孪晶的作用。

为了实现上述几种孪生行为,H. Wang 等[141]提出了一种孪生-退孪生(TDT)模型,将孪生和退孪生分为 4 个部分进行处理:孪晶形核、孪晶扩展、孪晶收缩及再次孪晶,模型示意图如图 2-1 所示。

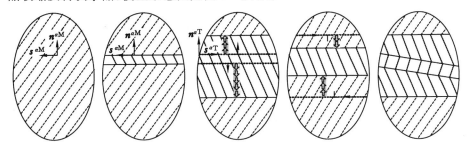

图 2-1　TDT 模型示意图

（1）孪晶形核（twin nucleation，TN）

将未产生晶粒的部分称为“母体”（matrix）。当母体中某孪生系的分解剪切应力 τ^{aM}（$\tau^{aM} = s^a \boldsymbol{\sigma} n^a$）等于孪晶形核时的临界分解剪切应力 τ_{cr}^{TN} 时,孪晶形核。进而可将晶粒分为母体和孪晶两部分处理,其中母体的取向保持不变,仅改变孪晶部分的取向。由于孪生的极性特征,孪生位错仅能够沿着孪生方向 s^a 移动,因此,母体中孪生系的分解剪切应力 CRSS 必须为正值。则孪晶形核产生的分解剪切应变率 $\dot{\gamma}_{TN}^a$ 为:

$$\dot{\gamma}_{TN}^a = \begin{cases} \dot{\gamma}_0^a \left| \tau^a / \tau_{cr}^a \right|^{1/m} & \tau^a > 0 \\ 0 & \tau^a \leqslant 0 \end{cases} \tag{2-64}$$

式（2-64）中,$\tau^a = \tau^{aM}$,$\tau_{cr}^a = \tau_{cr}^{TN}$。则孪晶体积分数 $\dot{f}_{TN}^a$ 可由 $\dot{\gamma}_{TN}^a$ 计算得到:

$$\dot{f}_{TN}^a = \frac{|\dot{\gamma}_{TN}^a|}{\gamma^{tw}} \tag{2-65}$$

式（2-65）中,γ^{tw} 为孪晶的特征剪切应变值,对于特定材料的特定孪生系,为一常数。

（2）孪晶扩展（twin growth，TG）

许多学者发现，孪晶扩展比形核更容易，即孪晶扩展的临界分解剪切应力 τ_{cr}^{TG} 小于形核的临界分解剪切应力 τ_{cr}^{TN}。因此孪晶形核后，必然会出现孪晶的扩展。孪晶扩展本质上是孪晶引起的位错由孪晶界向母体的滑动，其驱动力为作用在孪晶位错及孪晶界上的应力。然而，EVPSC 模型并未考虑孪晶界的应力，仅能够得到晶粒和孪晶内部的平均应力。但孪晶一般为较细的片层结构，因此，可认为作用于孪晶界上的驱动力为孪晶内部的平均应力，因而可将孪晶扩展分为两部分：

① 母体的收缩（matrix reduction，MR）

由母体的平均应力驱动，等效于由 $\tau^{aM}=s^{aM}\boldsymbol{\sigma}n^{aM}$ 引起的孪晶界在母体中的移动，母体的体积分数降低。则由母体收缩而引起的剪切应变率 $\dot{\gamma}_{MR}^{a}$ 为：

$$\dot{\gamma}_{MR}^{a}=\begin{cases}\dot{\gamma}_0^a\,|\,\tau^\alpha/\tau_{cr}^\alpha\,|^{1/m} & \tau^\alpha>0\\0 & \tau^\alpha\leqslant0\end{cases}\quad(2\text{-}66)$$

式（2-66）中，$\tau^\alpha=\tau^{aM}$，$\tau_{cr}^\alpha=\tau_{cr}^{TG}$。则由母体收缩产生的孪晶体积分数 $\dot{f}_{MR}^a$ 为：

$$\dot{f}_{MR}^a=\frac{|\dot{\gamma}_{MR}^a|}{\gamma^{tw}}\quad(2\text{-}67)$$

② 孪晶的增长（twin propagation，TP）

由孪晶内部的分解剪切应力 $\tau^{aT}=s^{aT}\boldsymbol{\sigma}^{aT}n^{aT}$ 驱动，等效于由 τ^{aT} 引起的孪晶界向母体的移动，孪晶的体积分数增加。则由孪晶增长引起的剪切应变率 $\dot{\gamma}_{TP}^a$ 为：

$$\dot{\gamma}_{TP}^a=\begin{cases}-\dot{\gamma}_0^a\,|\,\tau^\alpha/\tau_{cr}^\alpha\,|^{1/m} & \tau^\alpha<0\\0 & \tau^\alpha\geqslant0\end{cases}\quad(2\text{-}68)$$

式（2-68）中，$\tau^\alpha=\tau^{aT}$，$\tau_{cr}^\alpha=\tau_{cr}^{TG}$。则由孪晶增长产生的孪晶体积分数 $\dot{f}_{TP}^a$ 为：

$$\dot{f}_{TP}^a=\frac{|\dot{\gamma}_{TP}^a|}{\gamma^{tw}}\quad(2\text{-}69)$$

（3）孪晶收缩（twin shrinkage，TS）

与孪晶的扩展相反，孪晶的收缩通过孪晶内部的孪生位错向孪晶界的移动来实现，等效于孪晶扩展的反向处理。当退孪生的分解剪切应力大于孪晶收缩的临界分解剪切应力 τ_{cr}^{TS} 时，需要进行孪晶的收缩处理。与孪晶的扩展相同，孪晶的收缩也包括两部分：

① 母体的增长（matrix propagation，MP）

母体内部的分解剪切应力 τ^{aM} 引起孪晶界向孪晶内部移动，母体的体积分数将增大，由母体增长引起的剪切应变率 $\dot{\gamma}_{MP}^a$ 为：

$$\dot{\gamma}_{MP}^a=\begin{cases}-\dot{\gamma}_0^a\,|\,\tau^\alpha/\tau_{cr}^\alpha\,|^{1/m} & \tau^\alpha<0\\0 & \tau^\alpha\geqslant0\end{cases}\quad(2\text{-}70)$$

式(2-70)中，$\tau^a = \tau^{aM}$，$\tau^a_{cr} = \tau^{TS}_{cr}$。则由母体增长产生的孪晶体积分数 $\dot{f}^a_{MP}$ 为：

$$\dot{f}^a_{MP} = -\frac{|\dot{\gamma}^a_{MP}|}{\gamma^{tw}} \tag{2-71}$$

② 孪晶的减少（twin reduction，TR）

由孪晶的分解剪切应力 τ^{aT} 驱动，等效于由 τ^{aT} 引起孪晶界向孪晶内部的移动，孪晶的体积分数增加。则剪切应变率 $\dot{\gamma}^a_{TR}$ 为：

$$\dot{\gamma}^a_{TR} = \begin{cases} \dot{\gamma}_0 \ |\tau^a / \tau^a_{cr}|^{1/m} & \tau^a < 0 \\ 0 & \tau^a \geqslant 0 \end{cases} \tag{2-72}$$

式(2-72)中，$\tau^a = \tau^{aT}$，$\tau^a_{cr} = \tau^{TS}_{cr}$。则由孪晶减少产生的孪晶体积分数 $\dot{f}^a_{TR}$ 为：

$$\dot{f}^a_{TR} = -\frac{|\dot{\gamma}^a_{TR}|}{\gamma^{tw}} \tag{2-73}$$

（4）再次孪晶（re-twinning，RT）

再次孪晶表示在孪晶中形成新的孪晶，由于再次孪晶为新的孪晶的形成，因此，与孪晶形核时具有相等的临界分解剪切应力，即 $\tau^{TN}_{cr} = \tau^{RT}_{cr}$，且分解剪切应力 τ^{aT} 应通过孪晶内部的应力计算得到。再次孪晶引起的剪切应变率 $\dot{\gamma}^a_{RT}$ 为：

$$\dot{\gamma}^a_{RT} = \begin{cases} \dot{\gamma}_0 \ |\tau^a / \tau^a_{cr}|^{1/m} & \tau^a < 0 \\ 0 & \tau^a \geqslant 0 \end{cases} \tag{2-74}$$

式(2-74)中，$\tau^a = \tau^{aT}$，$\tau^a_{cr} = \tau^{RT}_{cr}$。则再次孪晶产生的孪晶体积分数 $\dot{f}^a_{RT}$ 为：

$$\dot{f}^a_{RT} = -\frac{|\dot{\gamma}^a_{RT}|}{\gamma^{tw}} \tag{2-75}$$

基于上述 4 种情况，可叠加各部分产生的孪晶体积分数，进而得到 α 孪生系产生的总孪晶体积分数。然而，孪晶形核和再次孪生产生的体积分数较小，则计算总孪晶体积分数仅需将孪晶扩展（MR 和 TP）和孪晶收缩（MP 和 TR）两部分的孪晶体积分数叠加：

$$\dot{f}^a = f^M(\dot{f}^a_{MR} + \dot{f}^a_{MP}) + f^a(\dot{f}^a_{TP} + \dot{f}^a_{TR}) \tag{2-76}$$

式(2-76)中，f^M 为母体的体积分数，$f^M = 1 - f^{tw} = 1 - \sum_{\alpha} f^a$。

实际情况中，孪晶并不能无限制地扩展，需引入相关方程对孪晶体积分数进行控制。TDT 模型中，采用与主导孪晶系旋转模型相同的孪晶体积分数控制方法[22]。引入两个具有统计意义的参数 V_{acc} 和 V_{eff}，其中 V_{acc} 为多晶体中总的孪晶体积分数，V_{eff} 为计算中当前晶粒的体积分数。临界孪晶体积分数 V_{th} 定义为：

$$V_{th} = \min\left(1.0, A_1 + A_2 \frac{V_{eff}}{V_{acc}}\right) \tag{2-77}$$

式中，A_1、A_2 为引入的两个材料参数。

　　TDT 模型中考虑了所有可能开启的孪生变体,但不同的孪生变体形成的孪晶取向不同,所以 TDT 模型在计算时,将原有的晶粒视为母体,同时,每个晶粒额外增加与孪生变体个数相等的晶粒,视为孪晶,并由 f^a 更新母体和各孪晶变体的体积分数。

　　TDT 模型与 PTR 模型、CG(composite grain)模型[191-192] 相比具有如下几方面的优势:

　　(1)通过不同的孪晶的驱动方式,不仅可以描述孪晶的形核和扩展,也可以对孪晶收缩进行模拟;

　　(2)将孪晶的形核、扩展及退孪生拆分处理,可赋予上述三个过程不同的 CRSS 值,可对多晶体材料孪生-退孪生行为开展更加深入的研究;

　　(3)考虑了所有可能的孪生变体,能够更加准确地模拟多晶体材料的织构演化规律。

　　然而,许多学者通过试验发现,镁合金材料退孪生时由于不需要形核,CRSS 值小于孪生的 CRSS 值,故在退孪生时采用和孪生阶段相同的 CRSS 值,导致退孪生阶段材料屈服极限大于试验结果,如 H. M. Wang 等[145] 关于 X. Y. Lou 等[35] 在镁合金 AZ31 板材沿轧制方向压缩-卸载-拉伸试验的模拟结果中,反向拉伸时的屈服极限大于试验结果,因此,需要改进 TDT 模型,实现退孪生 CRSS 值小于孪生时的模拟。由式(2-70)和式(2-72)可以看出,TDT 模型将退孪生分为了母体的增长与孪晶的减少两部分,这两部分中退孪生的临界分解剪切应力均为 τ_{cr}^{TS}。因此仅需要适当弱化 τ_{cr}^{TS} 则可以实现退孪生 CRSS 值小于孪生的模拟,此处引入退孪生的弱化参数 k,令 $\tau_{cr}^{TS}=k\tau_{cr}^{TG}$,其中 τ_{cr}^{TG} 为孪生的临界分解剪切应力。本书将在第 4 章采用改进后的 TDT 模型,对镁合金 AZ31 板材沿轧制方向压缩-卸载-拉伸的塑性变形行为进行研究,进一步揭示镁合金在塑性变形过程中滑移、孪生及退孪生的相互作用机制。

2.4　EVPSC-TDT 模型及数值实施

　　EVPSC 模型能够实现任意晶体结构的多晶体材料的弹黏塑性大变形行为的模拟。孪生-退孪生模型可实现多晶体材料的孪生、退孪生及二次孪生行为的描述。将二者结合起来,可以实现多晶体材料在多种加载路径下(如反向加载、循环加载等)的完全弹塑性大变形行为的模拟。

　　TDT 模型中,每个晶粒额外增加与孪生变体个数相同的晶粒。初始状态下,令额外增加的孪生变体的体积分数均为 0。通过 EVPSC 模型计算得到各晶粒的局部应力张量 σ 后,结合式(2-22)和式(2-24)求得母体与孪晶中各孪生变

体的 τ^a 和 $\dot{\gamma}^a$，进而由 TDT 模型得到各孪生变体的 f_{MR}^a、f_{MP}^a、f_{TP}^a、f_{TR}^a 值，最终计算得到母体和孪晶的体积分数。

综合单晶体的本构关系、弹黏塑性自洽模型及孪生-退孪生模型，结合相关的线性化方案，可求得多晶体材料的宏观应力增量 $\Delta\boldsymbol{\Sigma}$、各晶粒的应力增量 $\Delta\boldsymbol{\sigma}$、孪晶体积分数及各晶粒的取向分布特征。具体的求解流程如下：

(1) 令 $\boldsymbol{\Sigma}=0$、$\boldsymbol{\sigma}=0$、$\boldsymbol{M}^{v(r)}=10^{-10}\cdot\boldsymbol{I}$（$\boldsymbol{I}$ 为单位矩阵）、$\boldsymbol{d}^0=0$，由式(2-38)求得 $\boldsymbol{M}^v$、$\boldsymbol{D}^0$，由式(2-19)、式(2-31)得到 $\boldsymbol{M}^{e(r)}$，进而由式(2-38)求得 $\boldsymbol{M}^e$；

(2) 分别由 $\boldsymbol{M}^e$ 和 $\boldsymbol{M}^v$ 求解 $\hat{\boldsymbol{M}}^{e(r)}$ 和 $\hat{\boldsymbol{M}}^{v(r)}$；

(3) 由式(2-50)和式(2-51)求得 $\boldsymbol{B}^{v(r)}$、$\boldsymbol{b}$，并结合式(2-56)更新 $\boldsymbol{M}^v$、$\boldsymbol{D}^0$；

(4) 由式(2-54)求得 $\boldsymbol{B}^{e(r)}$，并结合式(2-56)更新 $\boldsymbol{M}^e$；

(5) 判断 $\boldsymbol{M}^v$、$\boldsymbol{D}^0$、$\boldsymbol{M}^e$ 是否收敛，若不收敛，则返回(2)，若收敛，则进入(6)；

(6) 利用更新后的 $\boldsymbol{M}^v$、$\boldsymbol{D}^0$，结合式(2-44)求得 $\boldsymbol{D}^p$，进而求得 $\boldsymbol{D}^e$，并通过式(2-38)求得 $\boldsymbol{\Sigma}$；

(7) 利用 Newton-Raphson 迭代法，求解式(2-59)转化的非线性方程组，得到各晶粒的应力增量 $\Delta\boldsymbol{\sigma}$，并由式(2-37)更新 $\boldsymbol{\Sigma}$，用 $\boldsymbol{\Sigma}^{new}$ 表示；

(8) 根据选取的自洽方案[式(2-60)～式(2-63)]，联立式(2-25)和式(2-43)，更新 $\boldsymbol{M}^{v(r)}$、$\boldsymbol{d}^0$；

(9) 由更新后的 $\boldsymbol{\Sigma}^{new}$ 和上一步的宏观应力的差值，即宏观应力增量，与 $<\Delta\boldsymbol{\sigma}>$ 进行误差判断，若不收敛，则返回(7)，若收敛，则进入(10)；

(10) 计算各滑移系及孪生系的 CRSS 及相对开启率、孪晶体积分数及各晶粒的取向；

(11) 结合更新的 $\boldsymbol{\sigma}$，由式(2-19)和式(2-31)更新 $\boldsymbol{M}^{e(r)}$，并以更新后的 $\boldsymbol{M}^{v(r)}$、$\boldsymbol{d}^0$、$\boldsymbol{M}^e$、$\boldsymbol{M}^v$ 为初值，返回(2)进行下一步计算；

(12) 计算至最后一步，完成。

根据上述计算流程，结合 Fortran 语言，编制 EVPSC-TDT 模型的数值计算程序，可开展多晶体材料在不同加载条件下宏微观行为的数值模拟研究。

2.5 基于 EVPSC-TDT 模型的 HCP 材料数值模拟方法

采用 EVPSC-TDT 数值计算程序对 HCP 材料进行数值模拟时，需输入 HCP 材料的相关参数，并根据加载条件，建立 HCP 材料在特定加载方式下的数值计算模型，进而实现 HCP 材料塑性变形行为的模拟和预测。模拟中所需的材料参数主要包括弹性常数、滑移/孪生面及方向参数、材料的初始取向分布、各滑移/孪生系的硬化参数。

2.5.1 弹性常数

EVPSC 模型是一种考虑了弹性及黏塑性行为的完全弹黏塑性模型,求解中需要四阶弹性张量 $\boldsymbol{L}$ 来更新 $\boldsymbol{M}^e$ 和 $\boldsymbol{M}^{e(r)}$。根据对称性,弹性张量 $\boldsymbol{L}$ 仅有 36 个独立分量,为了便于描述,可用 6×6 的矩阵表示[152]。镁合金和钛合金均为横观各向同性材料,其中镁合金的弹性常数为:

$$\boldsymbol{L} = \begin{bmatrix} 58.0 & 25.0 & 20.8 & 0 & 0 & 0 \\ 25.0 & 58.0 & 20.8 & 0 & 0 & 0 \\ 20.8 & 20.8 & 61.2 & 0 & 0 & 0 \\ 0 & 0 & 0 & 16.6 & 0 & 0 \\ 0 & 0 & 0 & 0 & 16.6 & 0 \\ 0 & 0 & 0 & 0 & 0 & 16.6 \end{bmatrix} \tag{2-78}$$

钛合金的弹性常数为:

$$\boldsymbol{L} = \begin{bmatrix} 162.4 & 92.0 & 69.0 & 0 & 0 & 0 \\ 92.0 & 162.4 & 69.0 & 0 & 0 & 0 \\ 69.0 & 69.0 & 180.7 & 0 & 0 & 0 \\ 0 & 0 & 0 & 46.7 & 0 & 0 \\ 0 & 0 & 0 & 0 & 46.7 & 0 \\ 0 & 0 & 0 & 0 & 0 & 35.2 \end{bmatrix} \tag{2-79}$$

2.5.2 滑移/孪生面及滑移/孪生方向

镁合金和钛合金中,可能开启的滑移系分别为:基面滑移 Basal($\{0001\}$ $<11\bar{2}0>$)、棱柱面滑移 Prismatic($\{10\bar{1}0\}<11\bar{2}0>$)、锥面滑移 Pyramidal$<a>$ ($\{10\bar{1}1\}<11\bar{2}0>$)、一阶锥面$<$c+a$>$滑移 Pyramidal$<$c+a$>$($\{10\bar{1}0\}$ $<11\bar{2}3>$)、二阶锥面$<$c+a$>$滑移 Pyramidal$<$c+a$>$($\{10\bar{2}2\}<11\bar{2}3>$),各滑移系中所有的滑移面和滑移方向如表 2-1 所示。但 S. R. Agnew 等[138]研究认为 Pyramidal$<$a$>$滑移引起的塑性变形及织构变化,均可以由 Basal 和 Prismatic 滑移系的组合来等效,为了用较少的参数描述 HCP 材料的塑性大变形行为,模拟中通常不考虑 Pyramidal$<$a$>$滑移系。镁合金和钛合金中,可能开启的孪生系分别为$\{10\bar{1}2\}$拉伸孪生、$\{10\bar{1}1\}$和$\{11\bar{2}2\}$压缩孪生,各孪生系的孪生面和孪生方向如表 2-2 所示。采用 EVPSC-TDT 程序计算时,需将表 2-1 和表 2-2 中所列出的滑移/孪生面和滑移/孪生方向作为输入参数,求解各滑移/孪生系在晶粒局部坐标系下的滑移/孪生面法向 $\boldsymbol{n}_{loc}$ 及滑移/孪生方向 $\boldsymbol{s}_{loc}$。

表 2-1　HCP 材料中各滑移系的滑移面和滑移方向

滑移模式	滑移面	滑移方向
基面滑移	$\{0001\}$	$<2\bar{1}\bar{1}0>$
	$\{0001\}$	$<\bar{1}2\bar{1}0>$
	$\{0001\}$	$<\bar{1}\bar{1}20>$
棱柱面滑移	$\{10\bar{1}0\}$	$<\bar{1}2\bar{1}0>$
	$\{0\bar{1}10\}$	$<2\bar{1}\bar{1}0>$
	$\{\bar{1}100\}$	$<\bar{1}\bar{1}20>$
一阶锥面<c+a>滑移	$\{10\bar{1}1\}$	$<\bar{1}\bar{1}23>$
	$\{10\bar{1}1\}$	$<\bar{2}113>$
	$\{0\bar{1}11\}$	$<11\bar{2}3>$
	$\{0\bar{1}11\}$	$<\bar{1}2\bar{1}3>$
	$\{\bar{1}101\}$	$<2\bar{1}\bar{1}3>$
	$\{\bar{1}101\}$	$<\bar{1}2\bar{1}3>$
	$\{\bar{1}011\}$	$<2\bar{1}\bar{1}3>$
	$\{\bar{1}011\}$	$<11\bar{2}3>$
	$\{01\bar{1}1\}$	$<\bar{1}\bar{1}23>$
	$\{01\bar{1}1\}$	$<\bar{1}2\bar{1}3>$
	$\{1\bar{1}01\}$	$<\bar{2}113>$
	$\{1\bar{1}01\}$	$<\bar{1}2\bar{1}3>$
二阶锥面<c+a>滑移	$\{2\bar{1}\bar{1}2\}$	$<2\bar{1}\bar{1}\bar{3}>$
	$\{11\bar{2}2\}$	$<11\bar{2}\bar{3}>$
	$\{\bar{1}2\bar{1}2\}$	$<\bar{1}2\bar{1}\bar{3}>$
	$\{\bar{2}112\}$	$<\bar{2}11\bar{3}>$
	$\{\bar{1}122\}$	$<\bar{1}\bar{1}23>$
	$\{1\bar{2}12\}$	$<1\bar{2}1\bar{3}>$

2.5.3　初始织构

　　HCP 材料通常具有较强的织构,需结合材料中各晶粒在未变形状态下的晶体取向参数,计算各滑移/孪生面方向向量 $\boldsymbol{n}$ 和滑移/孪生方向向量 $\boldsymbol{s}$。初始取向一般用 3 个欧拉角 φ_1、φ、φ_2 表示。根据晶粒局部坐标系下各滑移/孪生面方向向量 $\boldsymbol{n}_{loc}$ 和滑移/孪生方向向量 $\boldsymbol{s}_{loc}$,采用式(2-80)所示的坐标变换公式,求得

表 2-2 HCP 材料中各孪生系的孪生面和孪生方向

孪生模式	孪生面	孪生方向
$\{10\bar{1}2\}$拉伸孪生	$\{10\bar{1}2\}$	$<\bar{1}011>$
	$\{01\bar{1}2\}$	$<0\bar{1}11>$
	$\{\bar{1}102\}$	$<1\bar{1}01>$
	$\{\bar{1}012\}$	$<10\bar{1}1>$
	$\{0\bar{1}12\}$	$<01\bar{1}1>$
	$\{1\bar{1}02\}$	$<\bar{1}101>$
$\{11\bar{2}2\}$压缩孪生	$\{2\bar{1}12\}$	$<2\bar{1}\,\bar{1}\,\bar{3}>$
	$\{11\bar{2}2\}$	$<11\bar{2}\,\bar{3}>$
	$\{\bar{1}2\bar{1}2\}$	$<\bar{1}2\bar{1}\,\bar{3}>$
	$\{\bar{2}112\}$	$<\bar{2}11\bar{3}>$
	$\{\bar{1}\,\bar{1}22\}$	$<\bar{1}\,\bar{1}2\bar{3}>$
	$\{1\bar{2}12\}$	$<1\bar{2}1\bar{3}>$
$\{10\bar{1}1\}$压缩孪生	$\{10\bar{1}1\}$	$<10\bar{1}\,\bar{2}>$
	$\{01\bar{1}1\}$	$<01\bar{1}\,\bar{2}>$
	$\{\bar{1}101\}$	$<\bar{1}10\bar{2}>$
	$\{0\bar{1}11\}$	$<0\bar{1}1\bar{2}>$
	$\{1\bar{1}01\}$	$<1\bar{1}0\bar{2}>$

各滑移/孪生系的滑移/孪生面法向向量 n 及滑移/孪生方向向量 s：

$$\begin{cases} s^\alpha = s^\alpha_{loc} R \\ n^\alpha = n^\alpha_{loc} R \end{cases}$$

$$R = \begin{bmatrix} \cos\varphi_1\cos\varphi_2 - \sin\varphi_1\sin\varphi_2\cos\varphi & -\cos\varphi_1\sin\varphi_2 - \sin\varphi_1\cos\varphi_2\cos\varphi & \sin\varphi_1\sin\varphi \\ \sin\varphi_1\cos\varphi_2 + \cos\varphi_1\sin\varphi_2\cos\varphi & -\sin\varphi_1\sin\varphi_2 + \cos\varphi_1\cos\varphi_2\cos\varphi & -\cos\varphi_1\sin\varphi \\ \sin\varphi_2\sin\varphi & \cos\varphi_2\cos\varphi & \cos\varphi \end{bmatrix} \quad (2\text{-}80)$$

式中，s^α_{loc} 为晶粒局部坐标系下 α 滑移/孪生系的滑移/孪生方向；n^α_{loc} 为晶粒局部坐标系下 α 滑移/孪生系的滑移/孪生面法向；R 为坐标变换矩阵，φ_1、φ、φ_2 为反映晶粒局部坐标与宏观坐标系取向关系的 3 个欧拉角。多晶材料中晶粒数量较大，为了减少计算时间，提高计算效率，通常在试验测试得到的初始取向中随机选取 1 000~5 000 个晶粒取向进行计算。

2.5.4 加载条件

采用 EVPSC-TDT 模型计算时，还需要具体的宏观应力和应变率作为加载

条件,以宏观坐标系下 3 方向的单调加载为例,宏观应力和宏观应变率分别为:

$$\boldsymbol{D} = \begin{bmatrix} \dot{\epsilon}_{11} & \dot{\epsilon}_{12} & \dot{\epsilon}_{13} \\ \dot{\epsilon}_{21} & \dot{\epsilon}_{22} & \dot{\epsilon}_{23} \\ \dot{\epsilon}_{31} & \dot{\epsilon}_{32} & \dot{\epsilon}_{33} \end{bmatrix} \quad \boldsymbol{\Sigma} = \begin{bmatrix} 0 & 0 & 0 \\ 0 & 0 & 0 \\ 0 & 0 & \sigma_{33} \end{bmatrix} \quad (2\text{-}81)$$

式中,应变率张量中 $\dot{\epsilon}_{33}$ 为已知量,其余 8 个分量需要通过计算求解,且 3 个对角线分量之和为 0;应力张量中仅 σ_{33} 为未知量,其余 8 个应力分量均为 0。

加载-卸载-反向加载的模拟时,以 3 方向压缩-卸载-拉伸为例,首先采用式(2-81)所示的加载条件进行单调压缩的计算。当计算达到设定的应变后,需将式(2-81)中的 $\dot{\epsilon}_{33}$ 改为卸载阶段的应变率,并以压缩完成时更新的各滑移/孪生系的 CRSS 值作为卸载阶段的初始值,进行卸载阶段的计算。卸载完成后,采用同样的方法,继续进行拉伸阶段的模拟。

2.5.5 各滑移/孪生系的硬化参数

有了滑移/孪生系信息、各晶粒的初始取向及模型的加载条件后,还需要确定各滑移/孪生系的参数。VOCE 硬化模型中,各滑移/孪生系的硬化参数包括 τ_0^α、τ_1^α、h_0^α、h_1^α 和潜在硬化系数 $h^{\alpha\beta}$[式(2-33)和式(2-34)],孪生系的参数还包括式(2-77)中的 A_1 和 A_2。模拟中需结合宏观应力-应变曲线的试验数据,确定上述参数。以镁合金 AZ31 轧制板材为例,沿板材轧制方向单调拉伸时的主导滑移系为 Basal 和 Prismatic[12],沿板材轧制方向单调压缩时的主导塑性变形模式为 Basal 滑移系、Pyramidal 滑移系和{10$\bar{1}$2}拉伸孪生[60],故模拟中首先尝试改变 Basal 滑移系和 Prismatic 滑移系的硬化参数,结合轧制方向单调拉伸的应力-应变曲线试验结果,确定 Basal 滑移系和 Prismatic 滑移系的硬化参数;然后根据沿轧制方向单调压缩时的应力-应变试验数据,确定 Pyramidal<c+a>滑移和{10$\bar{1}$2}拉伸孪生系的硬化参数。

2.6 本章小结

在单晶体的几何学及运动学的基础上,从单晶体的本构关系出发,实现了对考虑孪生-退孪生行为的弹黏塑性模型的理论阐述,并给出了基于 EVPSC-TDT 模型的数值模拟方法。

(1)单晶体的本构关系可以表示为:

$$\begin{cases} d_{ij}^e = M_{ijkl}^{e(r)} \dot{\sigma}_{kl} \\ d_{ij}^p = M_{ijkl}^{v(r)} \sigma_{kl} + d_{ij}^0 \end{cases}$$

(2)对于多晶体材料,将弹性变形和塑性变形拆分处理,分别得到 M_{ijkl}^e 和

M_{ijkl}^{v} 的自洽方案。

黏塑性部分：

$$B_{ijkl}^{v(r)} = (M_{ijmn}^{v(r)} + \hat{M}_{ijmn}^{v(r)})^{-1}(M_{mnpq}^{v} + \hat{M}_{mnpq}^{v(r)})$$

$$b_{ij} = (M_{ijmn}^{v(r)} + \hat{M}_{ijmn}^{v(r)})^{-1}(D_{mn}^{0} - d_{mn}^{0})$$

$$M_{ijkl}^{v} = <M_{ijmn}^{v(r)}B_{mnpq}^{v(r)}><B_{pqkl}^{v(r)}>^{-1}$$

$$D_{ij}^{0} = <M_{ijkl}^{v(r)}b_{kl} + d_{ij}^{0}> - M_{ijkl}^{v}<b_{kl}>$$

弹性部分：

$$B_{ijkl}^{e(r)} = (M_{ijmn}^{e(r)} + \hat{M}_{ijmn}^{e(r)})^{-1}(M_{mnpq}^{e(r)} + \hat{M}_{mnpq}^{e(r)})$$

$$M_{ijkl}^{e} = <M_{ijmn}^{e(r)}B_{mnpq}^{e(r)}><B_{pqkl}^{e(r)}>^{-1}$$

（3）单晶-多晶体的交互作用方程为：

$$L_{ijkl}^{-1}(\dot{\sigma}_{kl} - w_{kl}^{e} \cdot \sigma_{kl} + \sigma_{kl} \cdot w_{kl}^{e}) + \dot{\gamma}_{0}\sum_{\alpha}\left[\left|\frac{\sigma_{ij} : P_{ij}^{\alpha}}{\tau_{c}^{\alpha}}\right|^{1/m}\mathrm{sgn}(\tau^{\alpha})P_{ij}^{\alpha}\right] - D_{ij} =$$

$$- \hat{M}_{ijkl}^{e(r)}(\dot{\sigma}_{kl} - \dot{\Sigma}_{kl}) - \hat{M}_{ijkl}^{v(r)}(\sigma_{kl} - \Sigma_{kl})$$

（4）给出了 TDT 模型的完整描述。将孪生的作用分为了四个部分进行处理，分别为：孪晶形核、孪晶扩展、孪晶收缩、二次孪晶。在此基础上，根据不同的孪生驱动力，将孪晶扩展分为了母体的收缩、孪晶的增长两部分；将孪晶收缩分为了母体的增长、孪晶的减少两部分。最终通过孪晶的形核和扩展两部分的孪晶体积分数 f^{α}，得到不同孪生变体所形成的孪晶的体积分数。

（5）根据 EVPSC-TDT 模型的理论体系，给出了具体的计算流程及数值实施过程。

（6）基于 EVPSC-TDT 模型的数值计算程序，并根据材料的初始织构、各滑移/孪生面和滑移/孪生方向参数，结合具体的加载条件，给出了 HCP 材料单调加载和加载-卸载-反向加载的数值模拟方法。

3 镁合金 AZ31 轧制板材单调加载塑性变形机制

3.1 问题的提出

镁及镁合金是最轻的金属结构材料[151],密度仅为钢的 1/6,且具有较高的比强度和比刚度,是工程结构轻量化技术中的首选材料。镁合金材料的晶体结构为密排六方晶系,对称性较低,常温下易开启的滑移系较少,导致镁合金材料塑性成形性能较低[3],因此,提高镁合金材料的成形能力,生产出低成本、高强度、高韧性的镁合金材料,是本领域研究人员孜孜以求的梦想。

镁合金材料发生塑性变形时,最易开启的滑移系为 $\{0001\}<11\bar{2}0>$ 基面滑移和 $\{10\bar{1}0\}<11\bar{2}0>$ 棱柱面滑移[3],但这两种滑移系仅能提供沿 a 轴方向的塑性变形,需要其他变形模式协调晶粒沿 c 轴方向的变形。常温下镁合金最易开启的锥面滑移为 $\{10\bar{2}2\}<11\bar{2}3>$[62],但初始临界分解剪切应力 CRSS 较大,通常需要孪生的开启,以满足 Mises 准则[5]。孪生开启后会形成孪晶,可以通过改变晶粒取向、发挥晶界作用等影响镁合金的塑性变形能力[35]。综上所述,镁合金材料的塑性变形是滑移和孪生之间竞争与协调的过程,因此,研究镁合金塑性变形中的滑移和孪生机制,可为镁合金材料加工成形技术提供重要的理论支撑。

目前,国内外学者通过相关的试验测试,一定程度上揭示了镁合金材料塑性变形中的微观物理本质[35,61-63,65-67,92,138,153-156],然而,由于试验测试的局限性,难以实现不同应力(或应变)水平下材料内部微观组织结构的定量测量,因此,可借助晶体塑性理论及相关数值模拟技术,实现滑移和孪生对镁合金塑性变形作用的定量研究。近年来,H. Wang 等提出的 EVPSC-TDT 模型已经成功应用于镁合金塑性变形行为的数值模拟中,并基于晶体塑性理论,一定程度上揭示了镁合金塑性变形机理[56,60,91,146]。然而,上述基于 EVPSC-TDT 模型的研究中,并未同时实现镁合金板材沿多种加载路径下的塑性变形行为的预测。因此,有必要采用 EVPSC-TDT 模型,开展镁合金材料沿多种加载路径下的宏观力学行为及微观织构演化规律的数值模拟研究,考察 EVPSC-TDT 对镁合金沿多种加载路径下塑性变形行为的模拟和预测能力,并结合预测的各变形模式的相对开启率及孪晶体积分数演化规律,进一步揭示镁合金轧制板材的塑性变形机制。

本章以镁合金 AZ31 轧制板材为研究对象,分别沿轧制方向(rolling direction,RD)、横向(transverse direction,TD)、板厚方向(normal direction,ND)及 RD-ND 面内 45°(简称为 45°)方向进行大应变单调拉伸和压缩试验,得到镁合金轧制板材在上述 8 种加载方式下的应力-应变曲线。在此基础上,结合 EVPSC-TDT 模型,采用同一组参数,对各加载方式下的宏观力学行为及微观织构演化规律进行预测,并通过与试验结果的对比,验证模拟结果的合理性。最后,结合各滑移/孪生系的开启规律及孪晶体积分数的演化规律,研究镁合金轧制板材单调加载的塑性变形机制。

3.2 镁合金大应变单调加载试验

镁合金轧制板材具有较强的基面织构,大部分晶粒 c 轴平行于 ND,导致沿 ND-RD 或 ND-TD 面内不同角度加载时的应力-应变曲线有较大的差异[35,62],且沿板材平面内不同方向加载通常具有一定的各向异性特征[35]。若采用 EVPSC-TDT 模型研究镁合金轧制板材的上述塑性变形特征,需要应力-应变曲线的试验数据来确定模型参数并验证模拟结果。因此首先开展沿 RD、TD、ND 及 RD-ND 面内 45°方向的大应变单调加载试验。

3.2.1 试样及试验设备

(1)试样制备

试样取自厚度为 60 mm 的热轧镁合金 AZ31(3% Al,1% Zn,0.6% Mn)板材,分别沿 RD、TD、ND 及 45°方向切割试样,如图 3-1 所示。其中,拉伸试样为"哑铃"状,总长 45 mm,标距 20 mm,横截面尺寸为 7 mm×1 mm,如图 3-2(a)所示;压缩试样为 15 mm×10 mm×12 mm 的长方体,其中 15 mm 方向为加载方向,如图 3-2(b)所示。

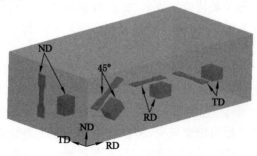

图 3-1　取样示意图

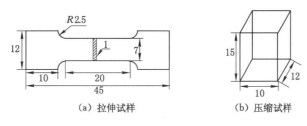

（a）拉伸试样　　　　　　　　　（b）压缩试样

图 3-2　试样形状及尺寸

（2）试验设备

本次试验在重庆大学材料科学与工程学院中心实验室开展。采用最大载荷为 50 kN 的 AG-X 试验机进行单调拉伸和压缩试验，分别如图 3-3(a)和图 3-3(b)所示。

（a）拉伸试验　　　　　　　　　　　（b）压缩试验

图 3-3　试验设备

3.2.2　试验方法及原理

（1）拉伸试验

拉伸试验中，采用激光引伸计[图 3-3(a)]采集试样标距段的变形量 d_t，并利用采集的数据控制加载过程中的应变率为 0.000 5/s。试验中记录引伸计的变形量 d_t 及试验机的输出载荷 F。当加载至试样破断后，结束试验。

大应变试验中，变形过程中试样的尺寸变化较大，工程应变与真实应变之间有较大的差异，需采用真实应变的计算公式求得试样在加载过程中的应变值，如式(3-1)所示。由于变形过程中试样的截面尺寸变化较大,需结合体积不变定律[152],计算试样在加载过程中的截面面积,从而求得真实应力,如式(3-2)所示。

$$\varepsilon = \ln\left(1 + \frac{d_t}{l_t}\right) \tag{3-1}$$

$$\sigma = \frac{F}{(w_t \times t_t \times l_t)/(l_t + d_t)} \tag{3-2}$$

式中,d_t 为由引伸计测得的试样变形量,mm;l_t 为试样的标距尺寸,取为 20 mm;F 为试验机的输出载荷,N;w_t 和 t_t 分别为试样标距段的初始宽度和厚度,取 $w_t = 7$ mm、$t_t = 1$ mm。

(2) 压缩试验

压缩试验采用位移控制,加载速率为 $-0.007\,5$ mm/s,即加载的初始应变率为 $-0.000\,5$/s。试验中实时观察并记录伺服机的位移 d_c 及输出载荷 F。当压缩至试样破断后,结束试验。

大应变压缩试验中,伺服机的位移传感器安装于立柱两侧,加载后机器横梁将发生一定的变形,导致采集到的位移数据并不能真实反映试样的变形,需通过伺服机的载荷及试验机的横梁刚度,对采集到的位移数据进行修正,并结合式(3-3),计算试样的真实应变。

$$\varepsilon = \ln\left(1 - \frac{(|d_c| - F \times S)}{h_c}\right) \tag{3-3}$$

式中,h_c 为压缩试样的初始高度,mm;d_c 为伺服机的位移,mm;F 为伺服机的输出载荷,N;S 为伺服机横梁的刚度,mm/N。

与拉伸试验相似,变形过程中试样的截面尺寸将发生变化,需采用体积不变定律,计算试样在加载过程中的截面面积,进而求得真实应力,如式(3-4)所示。

$$\sigma = \frac{F}{(l_c \times w_c \times h_c)/h} \tag{3-4}$$

式中,l_c、w_c 和 h_c 分别为压缩试样的初始长度、宽度和高度,取 $l_c = 12$ mm、$w_c = 10$ mm、$h_c = 15$ mm;h 为压缩试样变形过程中的高度:$h = h_c - (|d_c| - F \times S)$。

3.2.3 试验方案

分别进行沿 RD、TD、ND 和 45°方向的单调拉伸和压缩试验,拉伸试验中,所有加载方向的应变率均为 0.000 5 /s,压缩试验中,所有加载方向的应变率均为 $-0.000\,5$ /s。

3.2.4 大应变单调加载的应力-应变曲线

图 3-4 为试验得到的沿 RD、TD、ND 和 45°方向拉伸和压缩的应力-应变曲

线,图中,RD-C 和 RD-T 分别表示沿 RD 压缩和拉伸,TD 和 ND 也采用同样的简化方式。可以看出,镁合金 AZ31 轧制板材具有明显的拉压不对称性,沿 RD、TD 拉伸和 ND 压缩的应力-应变曲线呈"上凸"形,但 TD、RD 压缩及 ND 拉伸时的应力-应变曲线为"S"形,硬化率随变形的增加呈下降-上升-下降的规律,与 X. Y. Lou 等[35,62]的试验结果一致。45°方向拉伸和压缩的应力-应变曲线有一定的"S"形特征,但并不显著。对比沿 RD 和 TD 压缩的应力-应变曲线可以看出,镁合金 AZ31 轧制板材具有显著的面内压缩各向异性特征。

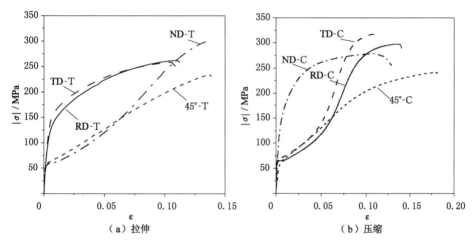

图 3-4 沿 RD、TD、ND 和 45°方向单调拉伸和压缩试验的应力-应变曲线

3.3 镁合金大应变单调加载数值模拟方法

3.3.1 数值计算模型的建立

为了研究镁合金轧制板材沿不同方向单调加载的塑性变形机制,基于 EVPSC-TDT 模型的数值计算程序,结合材料的初始织构、不同加载方式的加载条件及各滑移/孪生系的参数,建立了沿不同方向加载的数值计算模型。

(1)初始织构

L. Y. Zhao 等[157]通过 EBSD 技术得到了试验中镁合金轧制板材的初始织构,在此基础上,随机选取 1 012 个晶粒作为计算中的初始织构,如图 3-5 所示,板材的 RD、TD 和 ND 即分别为初始取向中的 1、2、3 方向[1、2、3 所指的宏观方向即式(3-5)中矩阵的下标 1、2、3]。

(2)加载条件

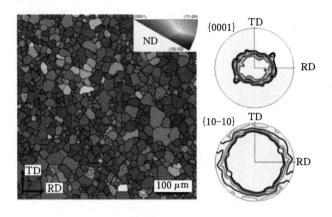

图 3-5 初始取向分布图

RD 单调加载的加载条件为：

$$L=\begin{bmatrix} \dot{\varepsilon}_{11} & \dot{\varepsilon}_{12} & \dot{\varepsilon}_{13} \\ \dot{\varepsilon}_{21} & \dot{\varepsilon}_{22} & \dot{\varepsilon}_{23} \\ \dot{\varepsilon}_{31} & \dot{\varepsilon}_{32} & \dot{\varepsilon}_{33} \end{bmatrix} \quad \Sigma=\begin{bmatrix} \sigma_{11} & \sigma_{12} & \sigma_{13} \\ \sigma_{21} & \sigma_{22} & \sigma_{23} \\ \sigma_{31} & \sigma_{32} & \sigma_{33} \end{bmatrix} \quad (3\text{-}5)$$

式(3-5)中，L 为宏观应变率张量，$\dot{\varepsilon}_{11}$ 为 RD 的应变率，与试验中的应变率保持一致，拉伸时，取为 0.000 5/s，压缩时为 $-0.000\ 5/s$，其他应变率分量均为未知量；Σ 为宏观应力张量，仅 RD 的应力分量 σ_{11} 为未知量，其他应力分量均为 0。TD 和 ND 加载时的加载条件设置与 RD 加载相似，宏观应变率张量 L 中仅 $\dot{\varepsilon}_{22}$ 或 $\dot{\varepsilon}_{33}$ 为已知量，并与试验结果一致；宏观应力张量 Σ 中 σ_{22} 或 σ_{33} 为未知量，其余分量均取 0。

45°方向加载时，将所有晶粒的初始取向沿 TD 旋转 45°，得到的织构如图 3-6 所示，可以看出，旋转后 3 方向即为 RD-ND 面内 45°方向。因此 45°方向加载时，采用图 3-6 所示的初始织构，沿 3 方向加载的宏观应变率和应力即为45°方向加载的加载条件。

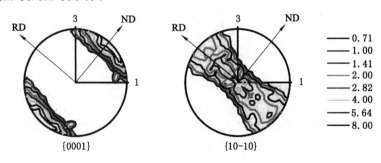

图 3-6 模拟中 45°方向单调加载采用的初始织构示意图

（3）模型参数

H. Wang 等[158]对比了不同线性化方案在 HCP 材料中的模拟结果，发现 Affine 线性化方案的模拟结果最好，所以本次模拟中采用 Affine 线性化方案 [式(2-61)]。同时考虑 6 个{$10\bar{1}2$}拉伸孪生变体及 6 个{$10\bar{1}1$}压缩孪生变体，如表 2-2 所示。与 X. Q. Guo 等[60,91,146]的模拟一致，考虑基面滑移 Basal （{0001}<$11\bar{2}0$>），棱柱面滑移 Prismatic（{$10\bar{1}0$}<$11\bar{2}0$>），以及二阶锥面 <c+a>滑移 Pyramidal<c+a>（{$10\bar{2}2$}<$11\bar{2}3$>），各滑移系的滑移面及滑移方向参数见表 2-1。所有的滑移系和孪生系均采用相同的参考剪切应变率（$\dot{\gamma}_0 = 0.001$）和率敏感系数（$m = 0.05$）。弹性常数分别为 $C_{11} = 58.0$ GPa，$C_{12} = 25.0$ GPa，$C_{13} = 20.8$ GPa，$C_{33} = 61.2$ GPa，$C_{44} = 16.6$ GPa。由于各滑移系之间的相互作用较复杂且难以定量分析，模拟中忽略各滑移系之间的相互作用，自硬化系数和潜在硬化系数均取为 1.0。

结合 EVPSC-TDT 数值计算程序，首先通过 RD-T 的应力-应变曲线确定 Basal 和 Prismatic 滑移系的硬化参数，然后由 RD-C 的应力-应变曲线确定 Pyramidal<c+a>滑移系和{$10\bar{1}2$}拉伸孪生的硬化参数，最后，通过 ND-C 的 应力-应变曲线确定{$10\bar{1}1$}压缩孪生的硬化参数。图 3-7 给出了参数拟合时得到的应力-应变曲线与试验结果的对比。从图中可以看出，拟合结果准确地反映了 RD-C、RD-T 和 ND-C 各阶段的应力-应变特征。得到的各滑移/孪生系的硬化参数如表 3-1 所示。表中 h^{sBa}、h^{sPr}、h^{sPy}、$h^{s\text{-}Tw1}$、$h^{s\text{-}Tw2}$分别表示 Basal、Prismatic、Prymidal<c+a>、{$10\bar{1}2$}拉伸孪生和{$10\bar{1}1$}压缩孪生对当前 s 滑移/孪生系的潜在硬化系数。

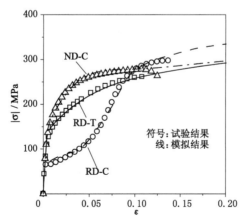

图 3-7　应力-应变曲线的拟合结果与试验结果对比图

表 3-1　镁合金单调加载模拟中各滑移系和孪生系的硬化参数

| 滑移系和孪生系 | τ_0 /MPa | τ_1 /MPa | θ_0 /MPa | θ_1 /MPa | 潜在硬化系数 | | | | | A_1 | A_2 |
					h^{sBa}	h^{sPr}	h^{sPy}	h^{s-Tw1}	h^{s-Tw2}		
Basal	12	1	10	0	1.0	1.0	1.0	1.0	1.0		
Prismatic	75	60	600	35	1.0	1.0	1.0	1.2	1.0		
Pyramidal$<$c$+$a$>$	100	105	1500	0	1.0	1.0	1.0	1.2	1.0		
$\{10\bar{1}2\}$拉伸孪生	30	10	100	10	1.0	1.0	1.0	10	1.0	0.55	0.7
$\{10\bar{1}1\}$压缩孪生	170	5	100	10	1.0	1.0	1.0	1.0	1.0	0.2	0.2

基于表 3-1 的数据,结合 VOCE 硬化模型[式(2-33)和式(2-34)],可以看出,随着变形的增加,Basal 滑移系 CRSS 值的增加较小,但 Pyramidal$<$c$+$a$>$滑移系的 CRSS 开启后将迅速增加至初始值的 2 倍,且 Prismatic 滑移系和两个孪生系的 CRSS 呈线性增长的规律。文献[143]采用了具有相似初始织构的镁合金 AZ31 板材,$\{10\bar{1}2\}$孪生系对 Prismatic 滑移系的潜在硬化系数为 1.6,略大于本次模拟,但本次模拟中 Prismatic 滑移系具有较大的硬化参数。因此,即使 $\{10\bar{1}2\}$孪生为主导变形机制,采用与文献[143]相同的参数模拟时,Prismatic 滑移系的 CRSS 增量差异依照较小。

3.3.2　数值计算方案

根据表 3-1 中各滑移系和孪生系的硬化参数,结合 EVPSC-TDT 数值计算程序,进行镁合金沿不同方向单调加载的数值模拟研究,具体的数值计算方案为:

(1) 预测沿 TD、ND 和 45°方向拉伸,沿 TD 和 45°方向压缩的应力-应变曲线,并结合试验结果,对预测结果进行验证;

(2) 计算沿 RD、TD、ND 和 45°方向拉伸和压缩时各滑移/孪生系的开启率,分析各加载方式下的滑移和孪生机制;

(3) 预测 RD、TD、ND 和 45°方向拉伸和压缩时的织构演化规律,并与 L. Y. Zhao 等[157]的试验结果进行对比,验证 EVPSC-TDT 模型在镁合金单调加载时织构演化规律的预测结果;

(4) 计算沿 RD、TD、ND 和 45°方向拉伸、压缩时$\{10\bar{1}2\}$孪晶体积分数演化规律,分析加载方向对$\{10\bar{1}2\}$孪生变体开启规律的影响。

3.4　加载方向对应力-应变曲线的影响

图 3-8 所示为试验和模拟的应力-应变曲线对比图,从图中可以看出,EVPSC-

TDT 模型得到的模拟结果合理地反映了镁合金轧制板材沿 RD、TD、ND 及 45°方向单调拉伸和压缩试验的应力-应变曲线。模拟和试验结果的应力差值小于 10 MPa，其中 45°-C 中的模拟结果与试验结果差异最大。TD-C 的应力-应变曲线中，模拟结果中的硬化率上升阶段滞后于试验结果，这可能因为压缩试验中的应力-应变曲线是由压力机的位移换算得到的，试验结果存在一定的误差。

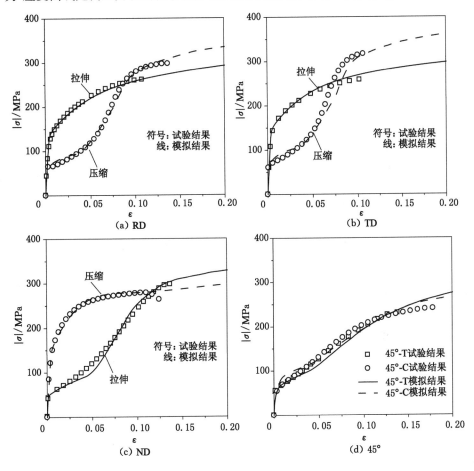

图 3-8 试验与模拟的应力-应变曲线对比图

图 3-9 所示为各滑移系及孪生系的相对开启率 R_A（relative activity）随应变 ε 变化的规律，以 Basal 滑移系为例，相对开启率计算公式为：

$$R_A = \frac{\gamma^{\text{Basal}}}{\sum\limits_{\alpha} \gamma^{\alpha}}$$ (3-6)

式中，γ^{Basal} 为 Basal 滑移系的分解剪切应变，$\sum\limits_{\alpha} \gamma^{\alpha}$ 为各滑移／孪生系的分解剪切应变之和。由图 3-9 可以看出：

（1）面内拉伸（RD-T 和 TD-T，统称为面内拉伸）时［图 3-9(b) 和图 3-9(d)］，主导滑移系为 Basal 和 Prismatic，其余滑移系和孪生系均未开启。RD 拉伸时两种滑移系的开启率较接近，但 TD 拉伸时，Prismatic 滑移系的开启率约为 Basal 滑移系的 2 倍，导致 TD-T 中的流动应力略大于 RD-T。显然，面内拉伸时的各向异性是由 Basal 和 Prismatic 的开启率不同造成的。

（2）面内压缩（RD-C 和 TD-C，统称为面内压缩）时［图 3-9(a) 和图 3-9(c)］，加载初期的主导变形机制为 Basal 滑移和 $\{10\bar{1}2\}$ 拉伸孪生，且 $\{10\bar{1}2\}$ 拉伸孪生的开启率大于 Basal 滑移系；当应变 ε 增加至 0.05 左右时，$\{10\bar{1}2\}$ 拉伸孪生的开启率开始下降，同时 Basal、Prismatic 和 Pyramidal$<$c+a$>$ 滑移系的开启率均有所上升。此阶段硬化率快速上升，是镁合金轧制板材面内压缩中的普遍现象[3,35,62]。X. Y. Lou 等[35]认为该现象与孪生的耗尽有着密切的关系，本次模拟结果也具有相似的规律。当 $\{10\bar{1}2\}$ 拉伸孪生的相对开启率开始下降时，表明某些晶粒中的孪晶体积分数达到饱和值，不能继续通过 $\{10\bar{1}2\}$ 拉伸孪生产生塑性变形，即孪生开始耗尽。Prismatic 和 Pyramidal$<$c+a$>$ 滑移系的开启率逐渐增大，表明硬化率的快速上升是由这两种滑移系的开启率升高引起的。然而，P. D. Wu 等[68]通过研究几种不同织构的镁合金材料的硬化率演化规律发现，孪生开始耗尽时，整个材料中的流动应力较低，不足以引起 Prismatic 和 Pyramidal$<$c+a$>$ 滑移系的开启，需通过弹性变形来协调材料的变形，导致硬化率的快速上升。当应力上升至能够使 Prismatic 和 Pyramidal$<$c+a$>$ 滑移系开动时，硬化率又再次下降。

（3）ND 拉伸时［图 3-9(f)］，应力-应变曲线、各滑移／孪生系的相对开启率与面内压缩具有相似的特征，不同的是孪生耗尽时，Pyramidal$<$c+a$>$ 滑移并未开启，仅 Prismatic 滑移系的开启率逐渐增大。ND 压缩时［图 3-9(e)］，进入屈服后 Pyramidal$<$c+a$>$ 滑移的开启率已达到 25% 左右。随着变形的增加，$\{10\bar{1}1\}$ 压缩孪生的开启率逐渐上升，但 Pyramidal$<$c+a$>$ 滑移系的开启率逐渐下降。当 $\{10\bar{1}1\}$ 压缩孪生的开启率上升至 18% 后又逐渐降低，同时 Pyramidal$<$c+a$>$ 滑移系的开启率又开始增大。上述规律表明 ND-C 时的塑性变形，是 $\{10\bar{1}1\}$ 压缩孪生及 Pyramidal$<$c+a$>$ 滑移之间竞争协调的结果。

（4）45°方向加载时［图 3-9(g) 和图 3-9(h)］，拉伸和压缩变形初期的主导变形模式均为 Basal 滑移和 $\{10\bar{1}2\}$ 拉伸孪生。随着变形的增加，$\{10\bar{1}2\}$ 拉伸孪生的开启率逐渐降低，同时 45°-C［图 3-9(g)］中 Pyramidal$<$c+a$>$ 滑移的开启率逐渐上升，45°-T 中［图 3-9(h)］Prismatic 滑移的开启率上升。虽然 45°-T 中

Prismatic 滑移系的开启率上升幅度大于 45°-C 中 Pyramidal＜c＋a＞滑移,但 Pyramidal＜c＋a＞滑移系的 CRSS 大于 Prismatic,导致 45°方向拉伸和压缩时的应力-应变曲线差异较小(图 3-8),拉压对称性较高。

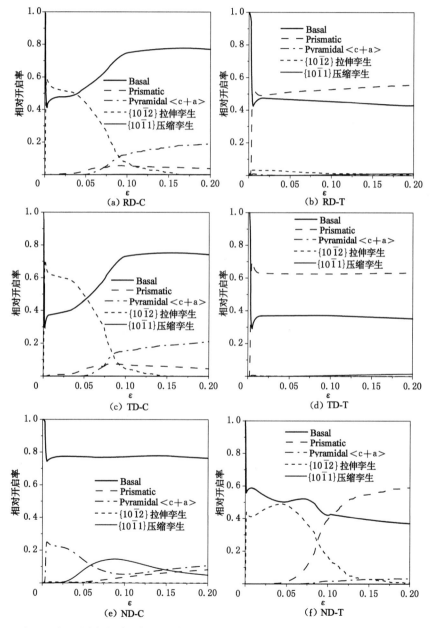

图 3-9 沿不同方向单调加载时各滑移/孪生系的相对开启率随应变变化的规律

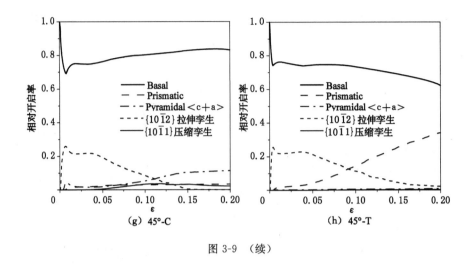

图 3-9 （续）

3.5 加载方向对织构演化规律的影响

图 3-10、图 3-11 分别给出了压缩和拉伸至 $\varepsilon=0.1$ 时的织构演化规律,左侧为基于 EVPSC-TDT 模型的模拟结果,右侧为试验结果[157]。从图中可以看出:

(1) 面内压缩中(图 3-10),{0001}极图在加载方向附近形成了较强的峰值,且极图中心位置的强度和范围减小。由图 3-9 所示的相对开启率可以看出,{10$\bar{1}$2}拉伸孪生将作为主导变形机制影响镁合金的塑性变形,孪生开启后形成的孪晶,与基体之间存在 86.3°的取向差。因此,{10$\bar{1}$2}拉伸孪生是引起面内压缩织构变化的主要因素。模拟结果合理地反映了镁合金轧制板材沿面内压缩试验的织构演化规律。

(2) 面内拉伸时(图 3-11),RD-T 中许多晶粒的 c 轴向 ND 靠近,但 TD-T 中晶粒 c 轴并未出现明显的变化,A. S. Khan 等[159]在镁合金轧制板材试验中也发现了上述现象。模拟结果也得到了上述织构演化规律。

(3) ND 拉伸时(图 3-11),{0001}极图中心的强度和范围减小,许多晶粒 c 轴转至了与平行于板材平面的方向附近,且沿板材平面各方向均有一定的分布。模拟结果也具有这样的织构演化特征。ND 拉伸时,加载轴与晶粒 c 轴方向平行或接近,{10$\bar{1}$2}拉伸孪生具有较高的施密特因子,是 ND-T 中的主导变形机制(图 3-9),孪生开启后,将引起 86.3°的晶格转动,导致晶粒 c 轴由几乎平行于 ND 转动至垂直于 ND。然而,ND-T 与 RD-C、TD-C 的织构演化规律存在一定的差异。RD-C 和 TD-C 中,由于孪生的作用,晶粒 c 轴转动至与加载轴平行的

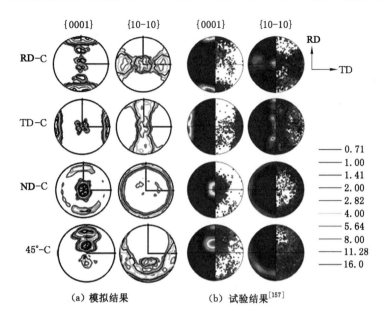

图 3-10 沿不同方向单调压缩的织构演化规律示意图($\varepsilon=0.1$)

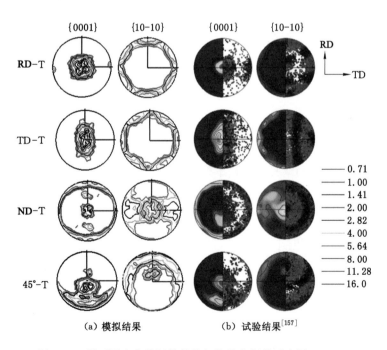

图 3-11 沿不同方向单调拉伸的织构演化规律示意图($\varepsilon=0.1$)

方向附近,但 ND-T 时,晶粒 c 轴转动至与加载轴垂直的方向,这一问题将在 3.6.2 节中做进一步分析。

(4) ND 压缩时(图 3-10),模拟结果出现了 c 轴由 ND 偏转 70°左右的织构特征,由图 3-9(e)中的各滑移/孪生系相对开启率可以看出,$\{10\bar{1}1\}$ 压缩孪生是造成该织构演化规律的主导因素($\{10\bar{1}1\}$ 压缩孪生开启后将引起 56°的晶格转动)。然而,试验结果中并未出现这一现象,文献[157]在相同材料 ND-C 的 EBSD 试验中观测到了 $\{10\bar{1}1\}$、$\{10\bar{1}2\}$ 二次孪晶,认为二次孪晶是形成 ND-C 织构演化规律的主要原因,但模拟中并未考虑二次孪生的作用,导致模拟结果与试验结果有一定的差异。

(5) 45°方向拉伸(图 3-11)和压缩(图 3-10)时,$\{0001\}$ 极图均在加载方向附近出现了强度峰值,且 EVPSC-TDT 模型的预测结果也具有这样的规律。结合预测的各滑移系和孪生系的开启率[图 3-9(g)和图 3-9(h)]可以看出,45°方向拉伸和压缩时 $\{10\bar{1}2\}$ 拉伸孪生对塑性变形均有一定的贡献,表明 $\{10\bar{1}2\}$ 拉伸孪生开启后引起的晶格转动是造成该 $\{0001\}$ 极图峰值的主要原因。

3.6　加载方向对 $\{10\bar{1}2\}$ 拉伸孪生变体开启规律的影响

3.6.1　孪晶体积分数演化规律

模拟得到了不同方向单调压缩和单调拉伸时 $\{10\bar{1}2\}$ 拉伸孪生的孪晶体积分数(twin volume fraction,TVF)随应变变化的规律,分别如图 3-12(a)和图 3-12(b)所示。从图中可以看出:

(1) $\{10\bar{1}2\}$ 拉伸孪生的孪晶体积分数 TVF 随应变的变化呈非线性的增长规律。变形初期,各加载方式下的 TVF 值呈准线性的增长规律,当应变达到 7%左右时,TVF 值的增长率开始下降,并随着变形的增加逐渐趋于稳定。

(2) 沿 RD 和 TD 压缩及沿 ND 拉伸时最易发生孪生变形,孪晶体积分数峰值达 80%左右。而沿 45°方向拉伸和压缩时的 TVF 值较为接近,约 40%。RD 拉伸时产生了一定量的孪晶,但体积分数较小,最大值约 4%,而 TD-T 和 ND-C 中的孪晶体积分数几乎为 0。

(3) TD-C 和 ND-T 的模拟结果与试验值[157]较吻合,表明 EVPSC-TDT 模型能够准确地模拟沿 c 轴方向拉伸(ND-T)和垂直于 c 轴压缩(TD-C)两种加载方式下的孪生行为。

3.6.2　$\{10\bar{1}2\}$ 拉抻孪生变体的开启规律

镁中 $\{10\bar{1}2\}$ 拉抻孪生最容易开启的加载方式包括两种:沿晶粒 c 轴方向拉

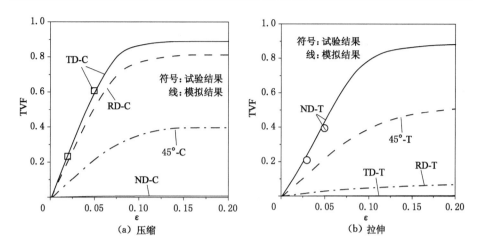

图 3-12 沿不同方向单调加载时{10$\bar{1}$2}拉伸孪生的孪晶体积分数演化规律

伸和垂直于晶粒 c 轴方向压缩。然而,由于晶体学对称性,{10$\bar{1}$2}拉伸孪生系共有 6 种孪生变体,当晶粒沿 c 轴方向拉伸时,6 种变体的 SF 值均为 0.5,然而,当晶粒沿垂直于 c 轴方向压缩时,施密特因子(SF)值随压缩方向与晶粒 a 轴夹角的变化而改变,导致 6 种变体的 SF 值不同[67]。基于上述原因,具有基面织构的镁合金板材,沿 ND 拉伸和面内压缩时,孪生变体的开启特征有所不同。S. G. Hong 等[67,157]通过面内压缩试验,发现同一晶粒内部孪晶变体的开启数量一般为 2~3 种,但 ND 拉伸时 6 种变体均有一定程度的开启。

目前,弹黏塑性自洽模型中关于孪生行为描述的模型主要有 PTR 和 TDT 两种模型,其中 PTR 模型仅考虑了 SF 值最大的孪生变体,难以准确模拟沿 c 轴拉伸时的宏观力学行为及微观织构演化规律,但 TDT 模型考虑了所有的孪生变体,弥补了 PTR 模型关于孪生行为模拟的缺陷。因此可借助 EVPSC-TDT 模型,实现不同加载方式下各孪生变体体积分数的分析,进一步验证 TDT 模型对于孪生行为描述的合理性。为了验证 TDT 模型对孪生变体开启规律的预测结果,以模拟得到的各孪生变体的孪晶体积分数为基础,对孪生变体排序后的孪晶体积分数进行比较,分析不同加载方式下模拟结果中孪生变体的开启规律。

建立图 3-13 所示的晶粒局部坐标系,得到 6 种孪生变体的孪生面法向矢量 N 及孪生方向矢量 B 分别为:

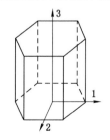

图 3-13 晶粒局部坐标系

$$\boldsymbol{N}_1 = \left(\frac{\sqrt{3}\,c/a}{2\sqrt{3+(c/a)^2}} \quad \frac{c/a}{2\sqrt{3+(c/a)^2}} \quad \frac{\sqrt{3}}{\sqrt{3+(c/a)^2}} \right)$$

$$\boldsymbol{N}_2 = \left(0 \quad \frac{c/a}{\sqrt{3+(c/a)^2}} \quad \frac{\sqrt{3}}{\sqrt{3+(c/a)^2}} \right)$$

$$\boldsymbol{N}_3 = \left(\frac{-\sqrt{3}\,c/a}{2\sqrt{3+(c/a)^2}} \quad \frac{c/a}{2\sqrt{3+(c/a)^2}} \quad \frac{\sqrt{3}}{\sqrt{3+(c/a)^2}} \right)$$

$$\boldsymbol{N}_4 = \left(\frac{-\sqrt{3}\,c/a}{2\sqrt{3+(c/a)^2}} \quad \frac{-c/a}{2\sqrt{3+(c/a)^2}} \quad \frac{\sqrt{3}}{\sqrt{3+(c/a)^2}} \right)$$

$$\boldsymbol{N}_5 = \left(0 \quad \frac{-c/a}{\sqrt{3+(c/a)^2}} \quad \frac{\sqrt{3}}{\sqrt{3+(c/a)^2}} \right)$$

$$\boldsymbol{N}_6 = \left(\frac{\sqrt{3}\,c/a}{2\sqrt{3+(c/a)^2}} \quad \frac{-c/a}{2\sqrt{3+(c/a)^2}} \quad \frac{\sqrt{3}}{\sqrt{3+(c/a)^2}} \right)$$

$$\boldsymbol{B}_1 = \left(\frac{-3}{2\sqrt{3+(c/a)^2}} \quad \frac{-\sqrt{3}}{2\sqrt{3+(c/a)^2}} \quad \frac{c/a}{\sqrt{3+(c/a)^2}} \right) \tag{3-7}$$

$$\boldsymbol{B}_2 = \left(0 \quad \frac{-\sqrt{3}}{\sqrt{3+(c/a)^2}} \quad \frac{c/a}{\sqrt{3+(c/a)^2}} \right)$$

$$\boldsymbol{B}_3 = \left(\frac{3}{2\sqrt{3+(c/a)^2}} \quad \frac{-\sqrt{3}}{2\sqrt{3+(c/a)^2}} \quad \frac{c/a}{\sqrt{3+(c/a)^2}} \right)$$

$$\boldsymbol{B}_4 = \left(\frac{3}{2\sqrt{3+(c/a)^2}} \quad \frac{\sqrt{3}}{2\sqrt{3+(c/a)^2}} \quad \frac{c/a}{\sqrt{3+(c/a)^2}} \right)$$

$$\boldsymbol{B}_5 = \left(0 \quad \frac{\sqrt{3}}{\sqrt{3+(c/a)^2}} \quad \frac{c/a}{\sqrt{3+(c/a)^2}} \right)$$

$$\boldsymbol{B}_6 = \left(\frac{-3}{2\sqrt{3+(c/a)^2}} \quad \frac{\sqrt{3}}{\sqrt{3+(c/a)^2}} \quad \frac{c/a}{\sqrt{3+(c/a)^2}} \right)$$

式中，c/a 为镁合金的晶格常数，数值为 1.624；下标 1～6 表示不同的孪生变体。通过坐标变换，得到晶粒各孪生变体在宏观坐标系下的方向矢量 $\boldsymbol{NO}, \boldsymbol{BO}$ 分别为：

$$\boldsymbol{NO}_v = \boldsymbol{N}_v \boldsymbol{R} \quad (v=1,2,3,4,5,6)$$
$$\boldsymbol{BO}_v = \boldsymbol{B}_v \boldsymbol{R} \quad (v=1,2,3,4,5,6) \tag{3-8}$$

进而得到 6 种孪生变体的施密特张量 $\boldsymbol{SF}$，具体为：

$$\boldsymbol{SF} = \frac{1}{2}(\boldsymbol{NO}_v^{\mathrm{T}} \cdot \boldsymbol{BO}_v + \boldsymbol{BO}_v^{\mathrm{T}} \cdot \boldsymbol{NO}_v) \quad (v=1,2,3,4,5,6) \tag{3-9}$$

建立以板材 RD、TD 和 ND 分别为 x、y、z 轴的宏观直角坐标系，则欧拉角

φ_1、φ、φ_2 分别表示晶粒与 RD、TD 和 ND 的取向关系。因此,施密特张量中 SF_{11}^v、SF_{22}^v、SF_{33}^v 分别表示沿 RD、TD 及 ND 加载时孪生变体 v 的 SF 值。对于某一特定的加载方向,各孪生变体按照 SF 值大小进行后,对应的孪晶体积分数分别用 $T^{i,1}$、$T^{i,2}$、$T^{i,3}$、$T^{i,4}$、$T^{i,5}$、$T^{i,6}$ 表示,其中,$T^{i,1}$ 表示晶粒 i 中 SF 值最大的孪生变体的孪晶体积分数,$T^{i,6}$ 表示晶粒 i 中 SF 值最小的孪生变体的孪晶体积分数。各孪生变体的孪晶体积分数由 EVPSC-TDT 的数值计算程序得出。对于多晶体材料,通过孪生变体 SF 值排序后的孪晶体积分数 T_1、T_2、T_3、T_4、T_5、T_6 值为:

$$T_v = \sum_g T^{i,v} VF^i \quad (i = 1,2,3,4,5,6) \tag{3-10}$$

式中,VF^i 为变形后晶粒 i 的体积分数,$T_1 \sim T_6$ 分别为多晶镁合金材料中孪生变体 SF 值由大到小排序后的孪晶体积分数值。

图 3-14 给出了由 SF 值排序的 $\{10\bar{1}2\}$ 孪生变体体积分数计算流程,结合该流程,开发了孪生变体体积分数的专用分析软件,计算得到了单调拉伸和单调压缩时各 $\{10\bar{1}2\}$ 孪生变体体积分数的分布规律,分别如图 3-15(a) 和 3-15(b) 所

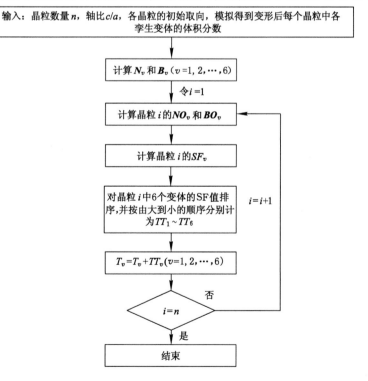

图 3-14　由 SF 值排序的 $\{10\bar{1}2\}$ 孪生变体体积分数计算流程

示。从图中可以看出,面内压缩时,仅有 3 种孪生变体开启,且孪晶体积分数主要由 SF 值最大的变体贡献。但 ND-T 中,6 种孪生变体均产生了一定量的孪晶,且随着 SF 值的减小,各变体产生的孪晶体积分数也逐渐降低。计算结果与文献[157]的试验结果一致,表明模拟结果能够合理地反映镁合金板材中各 $\{10\bar{1}2\}$ 孪生变体的开启规律。从图中还可以看出,RD-C 和 TD-C 中,孪生变体开启数量较少,所以 RD-C 和 TD-C 的织构演化规律中,$\{0001\}$ 极图仅在加载方向附近出现了强度峰值(图 3-10)。但 ND-T 中 6 种孪生变体均产生了一定量的孪晶,变形后晶粒 c 轴由与 ND 平行转至了板材平面附近,导致 $\{0001\}$ 极图在 RD-TD 面内各方向均有一定的分布(图 3-11)。

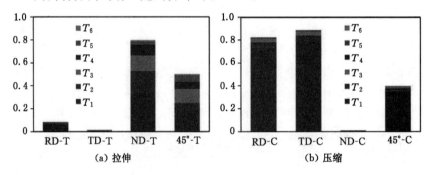

图 3-15　沿不同方向单调加载时各 $\{10\bar{1}2\}$ 孪生变体体积分数模拟结果示意图($\varepsilon=0.1$)

3.7　不同方向单调加载的塑性变形机制

3.7.1　面内各向异性

图 3-16 所示为 RD 和 TD 的单调拉伸和单调压缩试验的应力-应变曲线,从图中可以看出:

(1)面内拉伸时存在一定的各向异性,但 RD-T 和 TD-T 的应力差值小于 10 MPa。

(2)面内压缩时,RD 与 TD 的屈服应力几乎相等,但进入屈服后,流动应力的差异随变形的增加逐渐增大。

(3)由 $\{10\bar{1}2\}$ 拉伸孪晶体积分数变化曲线可以看出,TD-C 时的孪晶体积分数大于 RD-C,且孪晶体积分数的差异也随着变形的增加逐渐增大[图 3-12(a)],与 TD-C 和 RD-C 的应力-应变曲线差异具有相同的规律,表明 $\{10\bar{1}2\}$ 拉伸孪生是引起面内压缩各向异性特征的主要原因。

（4）由各滑移系和孪生系的相对开启率可以看出（图 3-9），加载初期 TD-C 中 {10$\bar{1}$2} 拉伸孪生的开启率大于 RD-C，当孪生耗尽后，Prismatic 和 Pyramidal ＜c＋a＞滑移系的开启率均大于 RD-C，导致 TD-C 中的应力大于 RD-C。

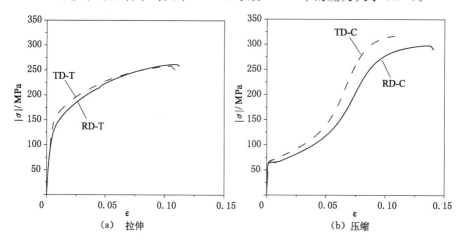

图 3-16　RD 和 TD 加载时的应力-应变曲线

3.7.2　拉压不对称性

RD、TD 和 ND 加载时均表现出较明显的拉压不对称性（图 3-4），下面将结合各滑移/孪生系的开启率（图 3-9），对上述现象进行分析：

（1）面内拉伸时，Prismatic 和 Basal 滑移主导了塑性变形，随着变形的增加，硬化率逐渐降低，应力-应变曲线为"上凸"形。然而，面内压缩时，由于 {10$\bar{1}$2} 拉伸孪生具有较大的施密特因子（SF），且 {10$\bar{1}$2} 拉伸孪生的 CRSS 值明显小于 Prismatic 滑移，因此面内压缩初始阶段，由 Basal 滑移和 {10$\bar{1}$2} 拉伸孪生共同协调塑性变形，导致屈服应力远小于面内拉伸。随着变形的增加，硬化率缓慢上升。这可能是由于材料内部的位错密度逐渐增大，而导致 Basal 滑移的开启更加困难，同时，随着孪晶体积分数逐渐增大，孪晶界对 Basal 滑移的阻碍作用逐渐增大[63]，且孪生将引起 86.3°的晶格转动，导致发生转动后的晶体中非基面滑移具有较高的 SF 值，促使非基面滑移的开启而引起硬化率的上升[35]。然而，由图 3-9 所示的 RD-C 和 TD-C 的各滑移系和孪生系的相对开启率可以看出，在硬化率缓慢上升阶段，Prismatic 和 Pyramidal＜c＋a＞并未开启，因此，此阶段主要是由 Basal 滑移和 {10$\bar{1}$2} 拉伸孪生开启后形成的位错对滑移和孪生的阻碍作用引起的。随着变形的继续增加，硬化率快速上升，文献[35]在面内加载试验中发现，此阶段 Basal 滑移形成的位错密度突然增加，同时孪生开始耗尽，造成硬化率快速上升。从图 3-9 所示的各滑移/孪生系的相对开启率可以看出，Basal 滑移系和{10$\bar{1}$2}拉伸孪生的开启率与文献[35]的试验结果吻合，然而，文献[35]并未给出孪生耗尽引起硬化率的快速升高的具体原因，此部分内容将在 3.7.3 节中进行深入讨论。随着变形的进一步增加，此阶段{10$\bar{1}$2}孪生已达到饱和，开启率逐渐降为 0，塑性变形主要由滑移提供，最终导致硬化率下降。综上所述，造成镁合金 AZ31 轧制板材面内拉压不对称性的主要原因为拉伸时仅有 Basal 和 Prismatic 滑移的作用，应力-应变曲线呈"上凸"形，压缩时通过{10$\bar{1}$2}孪生与滑移的竞争协调，形成"S"形应力-应变曲线。

（2）ND 加载时，拉伸和压缩时的应力-应变曲线也表现出了较明显的不对称性。由于 ND 加载时许多晶粒将发生沿 c 轴方向的拉伸变形，因此，需要 Pyramidal<c+a>滑移或孪生的开启，以协调晶粒沿 c 轴方向的变形。ND-T 中，{10$\bar{1}$2}拉伸孪生的 SF 值较高，加载初期的主导变形机制为 Basal 和{10$\bar{1}$2}拉伸孪生。随着变形的增加，孪生将耗尽，且孪晶体积分数的增长率下降，{10$\bar{1}$2}孪生已经不足以协调 ND 的塑性变形，需要非基面滑移的开启，由于孪晶发生了 86.3°的取向变化，且 Prismatic 滑移系的 CRSS 值小于 Pyramidal，因此孪晶内部通过 Prismatic 滑移协调 ND 的变形，导致 Prismatic 滑移系的开启率逐渐上升，硬化率上升，最终出现了"S"形的应力-应变曲线。

ND 压缩时，{10$\bar{1}$1}压缩孪生具有较大的 SF，但 CRSS 值较大，因此，加载初期的塑性变形主要由 Basal 和 Pyramidal<c+a>滑移主导。随着变形的增加，流动应力逐渐上升，{10$\bar{1}$1}压缩孪生开启，且形成的压缩孪晶与基体之间存在 56°左右的取向差，导致 Prismatic 滑移系开启。虽然 ND-C 时主要通过{10$\bar{1}$1}压缩孪生与 Pyramidal<c+a>滑移协调晶粒 c 轴方向的变形，但压缩孪生开启之前材料已经具有较高的流动应力，所以加载过程中并未出现"S"形应力-应变曲线。

3.7.3 快速硬化机制

RD-C、TD-C 和 ND-T 三种加载方式的硬化率随应变变化的规律对比结果如图 3-17 所示，从图中可以看出，镁合金 AZ31 板材进入屈服后，RD-C 和 TD-C 中均出现了图中所示的 3 个阶段：① 阶段硬化率缓慢上升；② 阶段硬化率快速上升；③ 阶段硬化率快速下降。然而，ND-T 中的硬化率变化规律仅有硬化率上升和下降两个阶段，且上升"速率"明显低于面内压缩。上述规律与 S. G. Hong 的试验结果一致[66]。值得注意的是，硬化率峰值 TD-C>RD-C>ND-T，且峰值所在应变位置 TD-C<RD-C<ND-T，表明较小的应变处出现的硬化率峰值较高。X. Y. Lou 等[35]在面内试验中发现，孪生开始耗尽后硬化率快速上升。

P. D. Wu 等[68]通过 EVPSC-TDT 模型,结合 4 种不同强度的基面织构的数值模拟,认为孪生开始耗尽后,弹性变形的作用,造成硬化率的快速升高。以某一个晶粒为例,孪生耗尽后,晶粒内部的应力水平较低,不足以引起 Prismatic 和 Pyramidal<c+a>滑移的开启,需要通过弹性变形促使应力快速升高,当应力升高至足以使 Prismatic 或 Pyramidal<c+a>滑移系开动时,硬化率又快速降低。然而对于多晶材料,孪生的耗尽需要一定的变形过程。当加载至一定变形量时,部分晶粒的孪晶体积分数达到饱和,但其他晶粒中的孪晶仍处于扩展阶段,对于此状态,体积分数达到饱和的晶粒需要通过弹性变形使应力升高,进而促进非基面滑移的开动。但处于孪晶扩展阶段晶粒的主导塑性变形机制仍然为基面滑移和{10$\bar{1}$2}孪生。因此多晶镁合金材料由于孪晶已饱和晶粒的弹性变形的作用,宏观硬化率出现了快速上升的现象。基于上述分析,提出如下假设:{10$\bar{1}$2}孪晶开始耗尽后,随着变形的增加,相同应变增量下耗尽的{10$\bar{1}$2}孪晶数量逐渐增加,导致硬化率快速上升,当某个变应变增量下{10$\bar{1}$2}孪晶耗尽数量达到峰值时,此应变增量内出现硬化率峰值,随后,相同应变增量下孪晶耗尽的晶粒数量逐渐减小,硬化率又快速下降。然而,同一应变增量下,孪生耗尽的晶粒数量越多,则孪生的相对开启率的降幅增大。因此,当孪晶耗尽数量随应变的变化率达到峰值时,孪生开启率随应变的变化率达到最低值,宏观硬化率达到峰值。

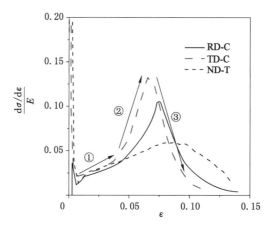

图 3-17 RD-C、TD-C 和 ND-T 的应变率变化曲线

图 3-18、图 3-19、图 3-20 分别给出了 TD-C、RD-C 和 ND-T 三种加载方式下的硬化率演化、{10$\bar{1}$2}孪生相对开启率随应变的变化率(relative activity rate of twinning,RAR^{twin})、孪晶耗尽的晶粒数量随应变的变化率(grain quantity rate of twin exhaustion，GQ^{TE}）曲线。可以看出，TD-C、RD-C 和 ND-T 三种加载方式中，均在 GQ^{TE} 最大的应变位置出现硬化率峰值，且此处的 RAR^{twin} 最小。达到峰值后，GQ^{TE} 又快速减小，硬化率也迅速降低，表明提出的假设是合理的。

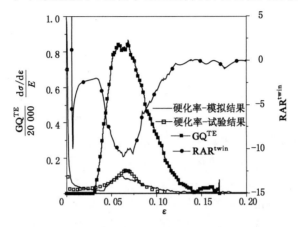

图 3-18　TD-C 时的硬化率与孪晶耗尽的晶粒数量变化率 GQ^{TE}、
$\{10\bar{1}2\}$ 孪生相对开启率变化率 RAR^{twin} 的对比图

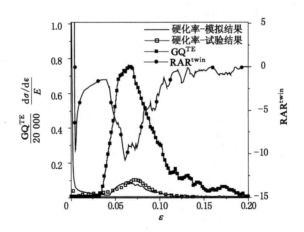

图 3-19　RD-C 时的硬化率与孪晶耗尽的晶粒数量变化率 GQ^{TE}、
$\{10\bar{1}2\}$ 孪生相对开启率变化率 RAR^{twin} 的对比图

由上述假设可以得出如下结论：对于不同的加载方式，若总孪晶体积分数相等或相近，则加载过程中 GQ^{TE} 越大，即孪晶耗尽越"快"，硬化率越高，且达到硬化率峰值时的应变较小。图 3-21 所示为 TD-C 和 ND-T 时 GQ^{TE}、RAR^{twin} 的对比图，可以看出，在达到峰值前（$\varepsilon \leqslant 0.08$），TD-C 的 GQ^{TE} 值大于 ND-T，而其

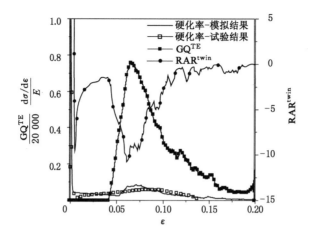

图 3-20　ND-T 时的硬化率与孪晶耗尽的晶粒数量变化率 GQ^{TE}、

$\{10\bar{1}2\}$ 孪生相对开启率变化率 RAR^{twin} 的对比图

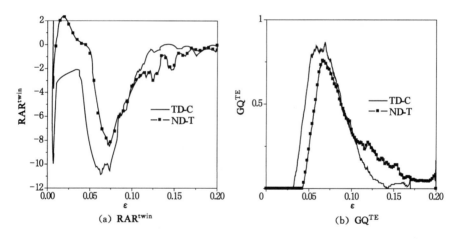

(a) RAR^{twin}　　　　　　　　　(b) GQ^{TE}

图 3-21　TD-C 和 ND-T 的孪晶耗尽的晶粒数量变化率 GQ^{TE}、

$\{10\bar{1}2\}$ 孪生相对开启率变化率 RAR^{twin} 的对比图

RAR^{twin} 值小于 ND-T；达到峰值后（$\varepsilon \geqslant 0.08$），上述规律恰好相反。对比图 3-17 所示的应变率变化曲线可以看出，TD-C 与 ND-T 硬化率对比结果与 GQ^{TE} 的对比结果具有较好的印证性。因为在 ND-T 中，大部分晶粒 c 轴受到拉伸作用，导致 6 种 $\{10\bar{1}2\}$ 孪生变体均有一定程度的开启。S. G. Hong 等[67]通过原位 EBSD 试验，在许多晶粒内部同时观测到了 6 种孪生变体，且加载过程中 6 种变体所形成的孪晶片层结构显示，在应变小于 5% 时，以孪晶的形核为主，且 6 种孪晶片层结构之间存在一定的相互制约的作用,而导致需要较大的应变水平使孪生耗尽。S. G. Hong 等的结论表明,ND-T 中由于孪生变体开启数量较多,而导致孪晶开始耗尽后,与 TD-C 相比,相等的应变增量下发生孪生耗尽的晶粒数量较少,最终导致峰值硬化率较低,达到峰值硬化率时所处的应变较大。

综上所述,镁合金板材在面内压缩和 ND 拉伸时的快速硬化现象与孪生耗尽有密切的关系,当孪生耗尽的晶粒数量随应变的变化率 GQ^{TE} 达到峰值时,硬化率也达到峰值。当总的孪晶体积分数相同或相近时,GQ^{TE} 越大,则硬化率峰值越大,且达到硬化率峰值时的应变较小。

3.8 本章小结

(1) 基于 EVPSC-TDT 模型的数值计算程序,结合镁合金 AZ31 轧制板材的初始织构、各滑移/孪生面和滑移/孪生方向参数,以及沿不同方向单调加载的加载条件,建立了镁合金大应变单调加载的数值计算模型。利用该模型,模拟预测了镁合金 AZ31 轧制板材沿 RD、TD、ND 及 45°方向单调拉伸和压缩的宏观应力-应变曲线、微观织构演化规律和孪晶体积分数演化规律。并通过与试验结果的对比,证明了 EVPSC-TDT 模型可准确描述镁合金沿不同方向单调加载的塑性大变形行为。

(2) 基于各 $\{10\bar{1}2\}$ 孪生变体的孪生面和孪生方向参数,结合镁合金 AZ31 轧制板材的初始织构,开发了由 SF 值大小对 $\{10\bar{1}2\}$ 孪生变体体积分数排序的计算程序。利用该程序,对预测的各孪生变体的体积分数进行了排序,结果表明 EVPSC-TDT 模型预测的各 $\{10\bar{1}2\}$ 孪生变体的体积分数,符合镁合金沿平行于 c 轴方向拉伸和垂直于 c 轴方向压缩时的孪生变体开启规律。

(3) 根据预测的各滑移/孪生系的开启率及孪晶体积分数,分析认为 $\{10\bar{1}2\}$ 拉伸孪生是造成镁合金 AZ31 轧制板材面内压缩各向异性的主要因素。压缩变形初期,TD-C 中由 $\{10\bar{1}2\}$ 孪生引起的塑性变形大于 RD-C。随着变形的增加,孪生开始耗尽,Prismatic 和 Pyramidal<c+a>滑移开启,但与 RD-C 相比,TD-C 中这两种非基面滑移的相对开启率较大,最终导致 TD-C 中的流动应力大于 RD-C。

(4) 镁合金 AZ31 轧制板材面内拉伸时仅有 Basal 和 Prismatic 滑移的作用,应力-应变曲线呈"上凸"形;但面内压缩时通过 $\{10\bar{1}2\}$ 孪生与非基面滑移的竞争协调,形成了"S"形应力-应变曲线。ND 拉伸时,通过 $\{10\bar{1}2\}$ 孪生与 Prismatic 滑移的作用,形成了"S"形的应力-应变曲线;虽然 ND 压缩时利用 $\{11\bar{2}2\}$ 压缩孪生和 Pyramidal<c+a>滑移之间的竞争来协调晶粒 c 轴方向的变形,但压缩孪生开启时材料已经处于较高的应力水平,并未出现"S"形应力-应变曲线。

(5) 基于 EVPSC-TDT 模型的计算结果,进一步证明了孪生耗尽与快速硬化之间的关系:当孪生耗尽的晶粒数量随应变的变化率 GQ^{TE} 达到峰值时,孪生开启率随应变的变化率达到最低值,宏观硬化率达到峰值;不同的加载方式中,若总孪晶体积分数饱和值相等或相近,加载过程中 GQ^{TE} 越大,则硬化率越高,且达到硬化率峰值时的应变越小。

4 镁合金 AZ31 轧制板材加载-卸载-反向加载塑性变形机制

4.1 问题的提出

当镁合金沿平行于晶粒 c 轴方向拉伸或垂直于 c 轴方向压缩时,孪生将成为影响塑性变形的主要因素[35,65]。由于孪生的极性特征,当对镁合金材料进行反向加载或循环加载时,将发生退孪生,即孪晶带消失或变窄[35,89]。退孪生是另一种能够协调镁合金塑性变形的机制,可以促进滑移和孪生的持续产生而提高塑性变形能力[35,89,163-171]。为了研究不同变形机制在镁合金复杂加载路径下的作用,学者们提出了几种模型,但由于对孪生-退孪生行为的描述不够精确,而导致关于镁合金材料复杂加载路径下本构模型的研究远落后于试验研究[145]。M. Li 等[104]提出了一种唯象模型,并应用于镁合金 AZ31B 板材循环加载的研究,然而,模拟得到的应力应变曲线在加载路径变化时发生了突变,但试验结果为弹性和塑性变形的平缓过渡,并且此模型并不能进行织构演化规律的预测。T. Hama 等[172]提出了一种可以描述孪生-退孪生行为的晶体塑性有限元模型,并应用于面内单调压缩后的非线性卸载行为的模拟,但模拟得到的应力-应变曲线与试验结果差异较大;C. N. Tomé 等[191-192]提出了一种复杂的复合晶粒(CG)模型,仅能够依靠基体中的孪生变形或孪晶中的退孪生变形来模拟由孪生引起的塑性变形,而不是由基体和孪晶组成的整体产生塑性变形。第 3 章中采用的孪生-退孪生(TDT)模型是 CG 模型的一种改进,TDT 模型中根据不同的孪生驱动力,将孪晶的扩展分为母体收缩与孪晶增长两部分,孪晶的收缩分为母体的增长和孪晶的减少两部分。同时,EVPSC 模型是一种完全弹黏塑性模型,可以实现多晶材料复杂加载路径的模拟。因此,有必要采用 EVPSC-TDT 模型,开展镁合金材料在加载-卸载-反向加载中的数值模拟研究,分析孪生及退孪生在塑性变形中的作用。

本章首先对镁合金 AZ31 板材沿 RD 进行压缩-卸载-拉伸试验,研究预压缩量对反向拉伸力学行为的影响,并采用电子背散射衍射(EBSD)技术,测试镁合金轧制板材沿 RD 压缩-卸载-拉伸过程中的织构演化规律。最后,结合 EVPSC-TDT 模型,开展沿 RD 压缩-卸载-拉伸的数值模拟,并基于各塑性变形模式的开启率和孪晶体积分数演化规律,分析滑移、孪生和退孪生在镁合金塑性变形中的作用。

4.2 镁合金大应变加载-卸载-反向加载试验

4.2.1 试样及试验设备

本次试验在重庆大学材料科学与工程学院中心实验室进行,采用 MTS809 拉扭疲劳试验机,进行了单调压缩、单调拉伸及压缩-卸载-拉伸试验,如图 4-1 所示。为了便于描述,分别用 RD、TD 和 ND 表示板材的轧制方向、横向和板材平面法向。

试样取自厚度为 60 mm 的热轧镁合金 AZ31 板材。为了防止试样在压缩阶段发生失稳,采用较大截面的"哑铃"状试样,如图 4-2 所示,试样总长 80 mm,标距为 20 mm,横截面尺寸为 12 mm × 13 mm,其中 ND 为 12 mm,TD 为 13 mm。

图 4-1 MTS809 拉扭疲劳试验机

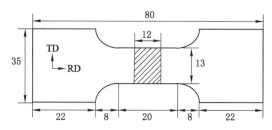

图 4-2 试样形状及尺寸示意图

4.2.2　试验方法及原理

（1）单调加载

单调拉伸和压缩试验均采用图 4-2 所示的样品,试验中通过 MTS809 拉扭疲劳试验机配套的机械式引伸计,采集标距段的变形量 d,拉伸时为正值,压缩时为负值。在加载过程中,通过引伸计获取的变形数据控制试验机的加载应变率,为 0.000 5/s,并记录试验机的载荷 F 和引伸计采集的试样变形量 d。当加载至应变为 10% 时,卸载并停止试验。

（2）压缩-卸载-拉伸试验

压缩-卸载-拉伸试验也采用图 4-2 所示的样品,并利用引伸计采集标距段的变形量 d。试验中,首先进行压缩试验,利用引伸计采集的数据控制压缩应变率为 -0.000 5/s,当压缩应变达到设定值后卸载,然后进行拉伸试验,利用引伸计采集的数据控制拉伸应变率为 0.000 5/s,当拉伸至设定的应变值时,卸载并停止试验。试验中记录试验机的载荷 F 及引伸计采集的变形量 d。

结合试验中记录的试验机输出载荷 F 及引伸计采集的变形量 d,通过式(4-1)和式(4-2)计算加载过程中的真实应力 σ 和真实应变 ε:

$$\varepsilon=\ln\left(1+\frac{d}{l_0}\right) \tag{4-1}$$

$$\sigma=\frac{F}{(w_0 \times t_0 \times l_0)/(l_0+d)} \tag{4-2}$$

式中,d 为引伸计采集的变形量,拉伸时为正值,压缩时为负值;l_0 为试样的标距尺寸,取为 20 mm;F 为伺服机的输出载荷,N;w_0 和 t_0 分别为试样标距段的初始宽度和厚度,取 $w_0=13$ mm,$t_0=12$ mm。

4.2.3　试验方案

（1）沿 RD 分别进行单调拉伸和压缩试验,当加载至应变为 10% 时,卸载并结束试验。

（2）沿 RD 进行预压缩应变 ε_{pre} 分别为 0.67%、5% 和 8% 的压缩-卸载-拉伸试验,拉伸应变均为 8%。

（3）沿 RD 分别进行压缩至 5%、8% 的单调压缩试验,及预压缩 8% 后反向拉伸 5% 的压缩-卸载-拉伸试验,为变形后的织构测试做准备。

4.2.4 预压缩量对反向拉伸宏观力学行为的影响

采用式(4-1)和式(4-2)得到加载过程中的应力-应变数据,绘制应力-应变曲线,如图 4-3、图 4-4 所示。图 4-3 为 RD 单调拉伸和压缩时的应力-应变曲线,与第 3 章的结果类似,拉伸时为"上凸"形曲线,压缩时为"S"形。图 4-4 所示为 ε_{pre} 分别为 0.67%、5% 和 8% 时的应力-应变曲线,图 4-5 所示为不同预压缩应变在反向拉伸阶段的应力-应变曲线,其中 $\varepsilon_{pre}=0\%$ 表示 RD 单调拉伸的结果。由图 4-3~图 4-5 可以看出:

(1)反向拉伸阶段,$\varepsilon_{pre}=5\%$ 和 $\varepsilon_{pre}=8\%$ 两种情况下的应力-应变曲线均呈现出明显的"S"形曲线特征,$\varepsilon_{pre}=0.67\%$ 时也出现了微弱的"S"形特征,然而,$\varepsilon_{pre}=0\%$,即单调拉伸时并未出现此特征,显然,反向拉伸时的"S"形应力-应变曲线是由于退孪生引起的;

(2)随着预压缩应变的增大,反向拉伸时的屈服极限逐渐增加,可能是因为预压缩量越大,材料内部的位错密度越高,滑移系和孪生系的 CRSS 也越大,最终导致反向拉伸时的屈服极限随着预压缩应变的增加而升高;

(3)RD 压缩时在屈服点处的主导变形机制为 Basal 滑移和孪生,而反向拉伸时屈服点处的主导变形机制为 Basal 滑移和退孪生[145],若孪生与退孪生的 CRSS 值相等,则反向拉伸和 RD 压缩时的屈服极限将一致,然而,试验结果显示,ε_{pre} 为 0.67% 和 5% 时反向拉伸的屈服极限小于 RD 压缩时,表明退孪生的 CRSS 值小于孪生,与 X. Y. Lou 等[35,156,163]的结论一致。

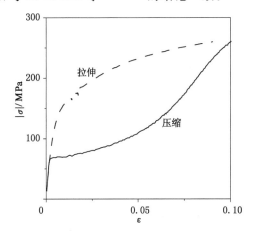

图 4-3 RD 单调拉伸和压缩时的应力-应变曲线

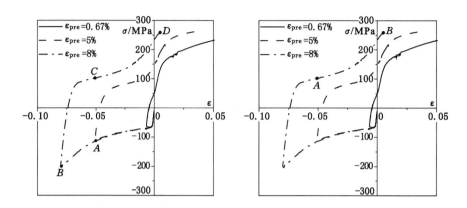

图 4-4　ε_{pre} 分别为 0.67%、5% 和 8% 时的应力-应变曲线

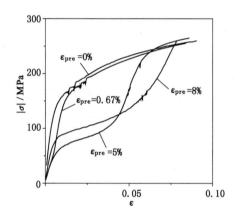

图 4-5　不同预压缩应变在反向拉伸阶段的应力-应变曲线

4.3　加载-卸载-反向加载的织构演化规律测试

本次试验在重庆大学电镜中心进行,采用电子背散射衍射(EBSD)技术,结合 FEI Nova 400 场发射扫描电镜上的 Oxford HKL Channel 5 EBSD 系统,测试了镁合金轧制板材压缩-卸载-拉伸过程中的织构演化规律。

4.3.1　基于电子背散射衍射(EBSD)技术的镁合金织构测试

20 世纪 90 年代以来,装配在 SEM 上的电子背散射衍射花样(electron back-scattering patterns,EBSP)使得晶体微区取向和晶体结构的分析技术取得了较大的发展,该技术亦被称为电子背散射衍射(electron backscatter

diffraction,EBSD)或取向成像显微技术(orientation imaging microscopy,OIM)等等。EBSD 测定晶体取向的技术是在 Kossel 衍射线分析晶体局部区域的取向和电子通道花样分析晶体取向的基础上发展起来的快速测定材料微区晶体取向的技术[159-160],它能够自动采集微区的取向信息,样品制备简单,数据采集速度快。而自动化的分析手段为定量地统计研究材料的微观组织结构和织构奠定了基础,已成为材料领域研究中一种有效的分析手段。

当扫描电解中的样品相对于入射电子束倾斜一些角度,晶体表面激发出的背散射电子发生衍射,组成了衍射花样。由于 SEM 中电子束能量偏低,产生的 EBSD 信号也较弱。为了得到较强的 EBSD 信号,试验时通常将试样倾转 70°。取向测定原理如下:首先 EBSD 衍射花样先进行 Hough 变换,然后根据电镜样品室坐标系、背散射衍射花样探头坐标系和花样采集平面样品台坐标系三者之间的相对空间几何关系的信息,结合衍射几何原理,通过计算机拟合确定衍射花样对应的晶体取向。同时计算机会根据这一测得的取向、空间几何关系以及材料的晶体学信息,模拟出这一取向对应的菊池花样。对模拟结果和计算结果进行比较、拟合、判断,最终将晶面和晶带轴对应的菊池线和菊池极指标化,得到该点晶体相对花样采集样品台坐标系的取向,并以欧拉角的形式给出。EBSD 系统测定晶体学取向的原理简图如图 4-6 所示[162]。

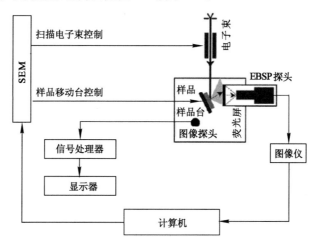

图 4-6　EBSD 系统测定晶体学取向的原理简图[162]

4.3.2　样品制备

EBSD 测试对样品的要求较高,测试表面需干净、平整,且具有良好的导电性。样品尺寸不宜过大,以便能放入电镜。试验中,未变形的测试样品从板材中截取,尺寸为 6 mm×7 mm×8 mm,其中 ND 为 6 mm、TD 为 7 mm、RD 为 8 mm。变形后的样品从力学试验结束后的试样标距段截取,尺寸和方向与未变形的样品相同。

截取完样品后,需要对样品表面进行打磨,依次选用 400 目、600 目、800 目和 1 000 目的砂纸打磨样品表面。打磨完成后,对样品进行电解抛光,选用商用AC2 抛光液,抛光电压为 20 V,电流为 0.2~0.3 A,时间约为 1 min。

4.3.3　测试方案

（1）对未变形样品进行晶体取向分布测试,扫描面为 RD-TD 面,扫描范围为 1 mm,步长为 1 μm;

（2）分别对加载至图 4-4 中所示的 A 点、B 点、C 点和 D 点处的晶体取向分布进行测试,扫描面为 RD-TD 面,扫描范围为 1 mm,步长为 1 μm。

4.3.4　加载-卸载-反向加载的织构演化规律

图 4-7 所示为沿 RD 压缩-卸载-拉伸过程中的织构演化规律。可以看出,试验所用镁合金轧制板材具有典型的基面织构特征,大部分晶粒 c 轴指向 ND 附近,且由 ND 向 RD 的偏转角度大于 ND 向 TD 的偏转角度。沿 RD 压缩变形时,{0001}极图在 RD 附近出现了强度峰值,且随着压缩量的增加,RD 附近的{0001}极图强度峰值和范围均有所增大。当沿 RD 反向拉伸时,{0001}极图在RD 附近的强度峰值减小,但 ND 附近的强度峰值增大,当反向拉伸量与压缩量相同时,RD 附近的强度峰值消失。

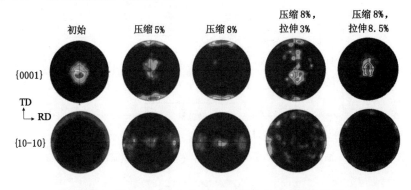

图 4-7　沿 RD 压缩-卸载-拉伸过程中的织构演化规律

4.4　镁合金大应变加载-卸载-反向加载的数值模拟方法

4.4.1　数值计算模型

基于 EVSPC-TDT 数值计算程序,结合材料的初始织构、压缩-卸载-拉伸的加载条件及各滑移/孪生系的参数,建立了沿 RD 压缩-卸载-拉伸的数值计算模型。模型中,首先进行压缩变形的计算,当压缩变形量达到设定值后,以更新的各滑移/孪生系的 CRSS 值作为卸载及反向拉伸阶段的初始值,然后进行卸载及反向拉伸阶段的计算。

(1)初始织构

在测试得到的初始取向中随机选取 1 000 个取向作为计算的初始织构,如图 4-8 所示。

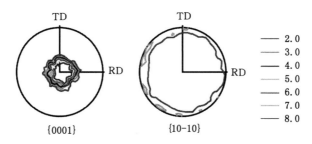

图 4-8　模拟中采用的初始织构示意图

(2)加载条件

根据式(3-5),$\dot{\varepsilon}_{11}$ 与试验中的应变率保持一致,预压缩阶段取为 $-0.000\,5/s$,卸载及反向拉伸阶段取为 $0.000\,5/s$,其他应变率分量均为未知量;σ_{11} 仍为未知量,其他应力分量均取 0。

(3)模型参数

与第 3 章的模拟相同,考虑基面滑移 Basal($\{0001\}<11\bar{2}0>$),棱柱面滑移 Prismatic($\{10\bar{1}0\}<11\bar{2}0>$)及二阶锥面 $<c+a>$ 滑移 Pyramidal $<c+a>$($\{10\bar{2}2\}<11\bar{2}3>$)。由于 RD 加载时 $\{10\bar{1}1\}$ 压缩孪生较难开启,故模拟中仅考虑 6 个 $\{10\bar{1}2\}$ 孪生变体。模拟中同样选用 Affine 线性化方案。所有的滑移系和孪生系均采用相同的参考剪切应变率($\dot{\gamma}_0=0.001$)和率敏感系数($m=0.05$)。弹性常数分别为 $C_{11}=58.0$ GPa,$C_{12}=25.0$ GPa,$C_{13}=20.8$ GPa,$C_{33}=61.2$ GPa,$C_{44}=16.6$ GPa。由于各滑移系之间的相互作用较复杂且难以定量分析,

因此,模拟中忽略各滑移系之间的相互作用,自硬化系数和潜在硬化系数取为 1.0。模拟中,采用与第 3 章中相同的方法,利用 RD 单调拉伸试验的应力-应变曲线确定 Prismatic 和 Basal 滑移系的硬化参数,然后通过沿 RD 单调压缩试验的应力-应变曲线,确定 Pyramidal $<c+a>$ 和 $\{10\bar{1}2\}$ 拉伸孪生的硬化参数。拟合得到的应力-应变曲线如图 4-9 所示,可以看出,拟合结果准确地反映了 RD-C 和 RD-T 各变形阶段的应力-应变曲线特征。拟合得到的各滑移/孪生系的参数如表 4-1 所示,表中 h^{sBa}、h^{sPr}、h^{sPy}、$h^{s\text{-}Tw}$ 分别表示 Basal、Prismatic、Prymidal $<c+a>$、$\{10\bar{1}2\}$ 拉伸孪生对当前滑移系或孪生系的潜在硬化系数。为了模拟退孪生比孪生易开动的现象,采用第 2 章中改进后的 TDT 模型,对退孪生的 CRSS 进行弱化,X. Y. Lou 等[35]在镁合金反向加载试验中发现,退孪生开动所需的应力约为孪生的 50%。故模拟中参考 X. Y. Lou 等的结论,令退孪生 CRSS 的弱化参数 $k=0.55$。

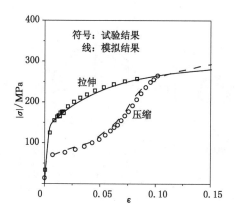

图 4-9　拟合得到的 RD 单调加载的应力-应变曲线与试验结果对比图

表 4-1　镁合金单调加载和加载-卸载-反向加载模拟中各滑移系和孪生系的硬化参数

滑移系和孪生系	τ_0 /MPa	τ_1 /MPa	θ_0 /MPa	θ_1 /MPa	潜在硬化系数				A_1	A_2
					h^{sBa}	h^{sPr}	h^{sPy}	$h^{s\text{-}Tw}$		
Basal	12	10	100	20	1.0	1.0	1.0	1.0		
Prismatic	80	60	600	0	1.0	1.0	1.0	1.0		
Pyramidal$<c+a>$	100	85	1 000	20	1.0	1.0	1.0	1.0		
$\{10\bar{1}2\}$拉伸孪生	30	5	100	20	2.8	1.0	1.0	1.0	0.65	0.9

4.4.2　数值计算方案

（1）沿 RD 压缩-卸载-拉伸进行应力-应变曲线的预测，包括预压缩量分别为 0.67%、5% 和 8% 的应力-应变曲线，并通过与试验结果的对比，验证模拟结果的合理性；

（2）进行预压缩量分别为 0.67%、5% 和 8% 时反向拉伸阶段各滑移/孪生系的开启率、孪晶体积分数演化规律的计算，分析滑移、孪生及退孪生在镁合金塑性变形中的作用；

（3）分别进行单调压缩 5%、8%，压缩 8% 后拉伸 3%、8% 四种情况下的织构演化规律的预测，并与试验结果进行对比，验证模拟结果。

4.5　预压缩量对反向拉伸塑性变形的影响机制

图 4-10(a)、图 4-11(a)、图 4-12(a)所示为预压缩应变 ε_{pre} 分别为 0.67%、5% 和 8% 的应力-应变曲线，由于模拟参数是通过 RD-C 和 RD-T 的应力-应变曲线确定的，因此，压缩-卸载-拉伸的应力-应变曲线均为预测结果，可以看出，虽然预测结果与试验结果存在一定的偏差，但模拟结果基本反映了镁合金沿 RD 压缩-卸载-拉伸时的应力-应变规律。其中，当 $\varepsilon_{pre}=0.67\%$ 时，反向拉伸时快速硬化结束后的应力与试验值的差异最大，约 35 MPa。

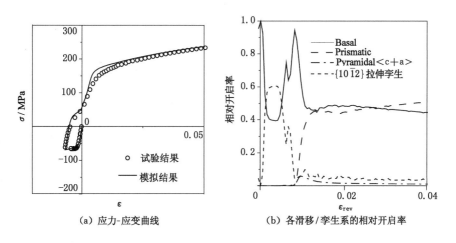

(a) 应力-应变曲线　　　　(b) 各滑移/孪生系的相对开启率

图 4-10　沿 RD 压缩-卸载-拉伸的应力-应变曲线及反向拉伸阶段
各滑移/孪生系的开启率（$\varepsilon_{pre}=0.67\%$）

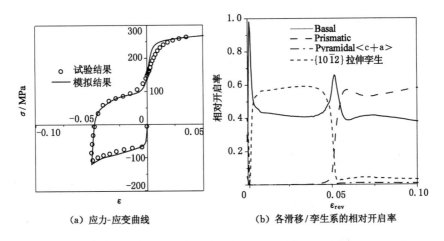

（a）应力-应变曲线　　　　（b）各滑移/孪生系的相对开启率

图 4-11　沿 RD 压缩-卸载-拉伸的应力-应变曲线及反向拉伸阶段
各滑移/孪生系的开启率（$\varepsilon_{pre}=5\%$）

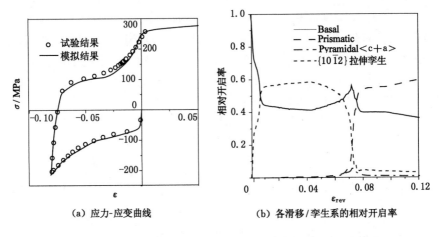

（a）应力-应变曲线　　　　（b）各滑移/孪生系的相对开启率

图 4-12　沿 RD 压缩-卸载-拉伸的应力-应变曲线及反向拉伸阶段
各滑移/孪生系的开启率（$\varepsilon_{pre}=8\%$）

　　图 4-13 为沿 RD 单调拉伸和压缩时各滑移系和孪生系的开启率。图 4-10（b）、图 4-11（b）和图 4-12（b）分别为 3 种不同预压缩应变时反向拉伸阶段各滑移系和孪生系的开启率，图中以反向拉伸起点作为应变 0 点，横坐标所示的应变为反向拉伸应变，用 ε_{rev} 表示。可以看出，RD-C 和 RD-T 时，各滑移系和孪生系的相对开启率与第 3 章中的模拟结果具有相似的规律。反向拉伸时，三种预压缩应变的结果也具有相似的规律：反向拉伸初期，主导变形机制为 Basal 滑移

和{10$\bar{1}$2}拉伸孪生,与 RD-C 时加载初期的变形机制相似;随着拉伸量的增加,{10$\bar{1}$2}拉伸孪生的开启率快速下降,进入孪生耗尽阶段,同时 Prismatic 滑移系的开启率快速增长,随后的拉伸变形中,Basal 和 Prismatic 滑移成了主导变形机制,与 RD 单调拉伸时的变形机制有所不同,RD-C 在孪生耗尽后开启的滑移系为 Pyramidal<c+a>,如图 4-13 所示。因为压缩后反向拉伸时,由于退孪生的作用,许多孪晶的取向恢复为最初的状态,而对于初始取向分布,RD 拉伸时施密特因子(SF)最大的滑移系为 Prismatic,且 Prismatic 的 CRSS 值小于 Pyramidal<c+a>,因此,反向拉伸孪生耗尽后,Prismatic 滑移系的开启率增加。虽然不同预压缩量在反向拉伸初始阶段的主导变形机制相似,但随着预压缩量的增加,反向拉伸阶段的屈服极限逐渐增大,因为预压缩量越大,材料中的位错密度越高,对滑移和孪生的阻碍作用越强,导致 Basal 滑移和{10$\bar{1}$2}拉伸孪生具有更大的 CRSS 值,进而导致反向拉伸时的屈服极限更高。基于表 4-1 的数据,结合 VOCE 硬化模型[式(2-33)和式(2-34)],可以看出,Basal 滑移和{10$\bar{1}$2}拉伸孪生的 CRSS 值将随着变形的增加而增大,且 Basal 滑移对{10$\bar{1}$2}拉伸孪生具有一定的潜在硬化作用,EVPSC-TDT 模型通过这两方面的作用,实现了镁合金预压缩阶段 Basal 滑移和{10$\bar{1}$2}拉伸孪生的硬化,较准确地预测了不同预压缩量时反向拉伸阶段的屈服应力。反向拉伸的孪生耗尽阶段,开启率增加的非基面滑移为 Prismatic,但 RD 单调压缩时的孪生耗尽阶段,Pyramidal<c+a>滑移的开启率快速上升。

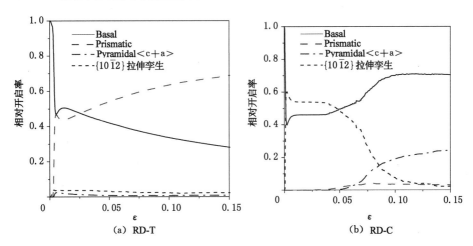

图 4-13　沿 RD 单调拉伸和压缩时各滑移系和孪生系相对开启率的变化规律

图 4-14 所示分别为 RD 单调压缩和压缩-卸载-拉伸时{10$\bar{1}$2}拉伸孪晶体积

分数 TVF 随应变变化的规律,其中,图 4-14(b)中横坐标为累积应变 ε_{acc}。从图中可以看出,RD 压缩至应变约 8％处,孪晶体积分数接近饱和值,约 80％。压缩-卸载-拉伸中,反向拉伸阶段的孪晶体积分数随应变呈线性下降规律,表明反向加载阶段发生了明显的退孪生行为。3 种预压缩应变下,反向拉伸至接近预压缩应变水平时,孪晶体积分数降至最低。

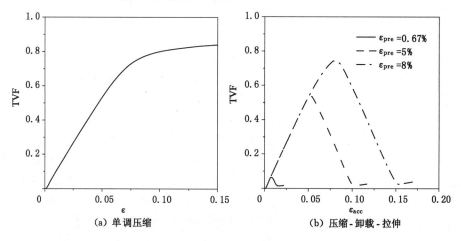

图 4-14　RD 单调压缩和压缩-卸载-拉伸时
$\{10\bar{1}2\}$孪晶体积分数变化规律的模拟结果

4.6　孪生-退孪生行为对织构演化规律的影响

图 4-15 所示为 RD 单调压缩时的$\{0001\}$和$\{10\text{-}10\}$极图的模拟和试验结果对比,可以看出,RD 压缩时,由于孪生的作用,许多晶粒 c 轴由 ND 转动至 RD。随着压缩量的增加,孪晶量逐渐增多,$\{0001\}$极图中 RD 的极图强度也随之增大。当压缩应变达到 8％时,几乎所有晶粒 c 轴转动至 RD 附近。由模拟结果和试验结果对比可以看出,模拟结果合理地反映了 RD 压缩试验的织构演化规律。

图 4-16 给出了 $\varepsilon_{pre}=8\%$反向拉伸时的织构演化规律,当加载至图 4-4 中所示的 A 点时,RD 附近的$\{0001\}$极图强度和范围均有一定程度的减小,同时 ND 的$\{0001\}$极图强度和范围增加。当加载至图 4-4 中所示的 B 点时,几乎所有晶粒 c 轴均转动至 ND。X. Y. Lou 等[35,175]在试验中也观测到了上述现象,显然,反向拉伸时出现的织构演化规律是由退孪生行为引起的。模拟结果合理地反映了镁合金板材沿 RD 反向拉伸时的织构演化规律。

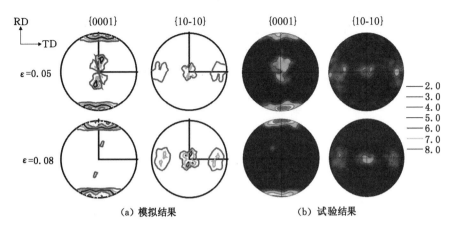

图 4-15　RD 单调压缩时织构演化规律的模拟和试验结果对比示意图

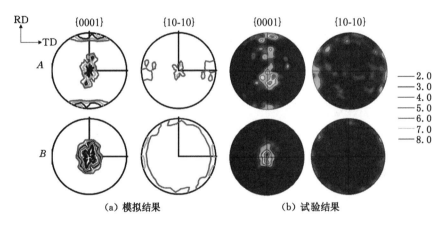

图 4-16　沿 RD 反向拉伸时织构演化规律的模拟和试验结果对比示意图($\varepsilon_{pre}=8\%$)

（A、B 分别为图 4-4 中所示的 A 点和 B 点）

4.7　弱化退孪生 CRSS 对模拟结果的影响

预压缩应变较大时,材料内部产生的位错密度较高,对 Basal 滑移和 $\{10\overline{1}2\}$ 拉伸孪生的硬化作用也更明显,为了尽可能地消除此因素的影响,仅采用预压缩应变为 0.67% 的模拟结果,分析弱化退孪生 CRSS 对模拟结果的影响。图 4-17 为采用两种模拟方法时的结果对比图,其中图 4-17(a)为退孪生 CRSS 值弱化为 55% 和不弱化的计算结果对比,图 4-17(b)为图 4-17(a)中 A 区域的放大图,可以看出,当退孪生的 CRSS 与孪生一致时,模拟得到的反向拉伸屈服应力明显高于试验值,但弱化退孪生 CRSS 后模拟得到的反向拉伸屈服极限与试验结果更为吻合,证明了退孪生比孪生更易开启。

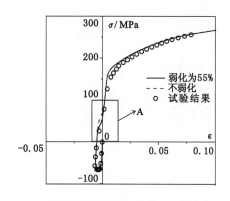

(a) 弱化和不弱化退孪生CRSS的应力应变曲线模拟结果对比

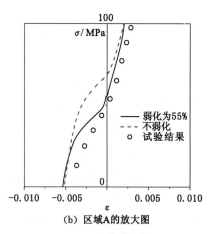

(b) 区域A的放大图

图 4-17　弱化和不弱化退孪生 CRSS 时模拟的应力-应变曲线结果对比

4.8　本章小结

(1) 利用 MTS809 拉扭疲劳试验机,开展了镁合金 AZ31 轧制板材沿 RD 单调拉伸和压缩试验,以及预压缩应变分别为 0.67%、5% 和 8% 的压缩-卸载-拉伸试验。与单调压缩时的屈服应力相比,预压缩量为 0.67% 的压缩-卸载-拉伸试验在反向拉伸阶段的屈服应力较小,且随着预压缩应变的增加,反向拉伸后的屈服应力逐渐增大。

(2) 采用 EBSD 技术,测试得到了镁合金轧制板材沿 RD 单调压缩至 5%、8%,以及压缩 8% 后反向拉伸 3% 和 8% 时的织构演化规律。结果表明:随着压缩量的增大,{0001} 极图在 RD 附近的强度峰值逐渐增大,但反向拉伸时,{0001} 极图在 RD 附近的强度峰值逐渐减弱,当反向拉伸量与预压缩量相同时,{0001} 极图在 RD 附近的强度峰值消失。

(3) 基于 EVSPC-TDT 模型的数值计算程序,结合镁合金 AZ31 轧制板材的初始织构、各滑移/孪生面和滑移/孪生方向的参数,以及沿 RD 单调加载、压缩-卸载-拉伸的加载条件,建立了镁合金 AZ31 轧制板材单调加载及压缩-卸载-拉伸的数值计算模型。利用该模型,模拟预测了镁合金板材沿 RD 单调拉伸和压缩,以及预压缩应变分别为 0.67%、5% 和 8% 的压缩-卸载-拉伸时的宏微观塑性变形行为,主要包括:应力-应变曲线、织构演化规律及孪晶体积分数演化规律。通过与试验结果的对比,验证了 EVPSC-TDT 模型能够准确预测镁合金在孪生-退孪生为主导变形模式时的塑性变形行为。

(4) 压缩-卸载-拉伸变形中,随着预压缩量的增加,反向拉伸阶段的屈服极限逐渐增大,但不同预压缩量时反向拉伸初始阶段各滑移/孪生系的开启率相似,表明预压缩量对反向拉伸阶段屈服应力的影响,是由压缩后各滑移和孪生系的硬化造成的,因为预压缩量越大,材料中的位错密度越高,对滑移和孪生的阻碍作用越强,从而使 Basal 滑移系和 $\{10\bar{1}2\}$ 拉伸孪生系的 CRSS 值增大,导致反向拉伸时的屈服极限更高。

(5) 预压缩量为 0.67% 时,当退孪生与孪生具有相同的 CRSS 值时,模拟结果在反向拉伸阶段的屈服应力与试验结果差异较大,约 35 MPa,但将退孪生的 CRSS 值弱化为孪生的 55% 后,预测结果与试验结果之间的差值仅 10 MPa。这再一次证明了镁合金塑性变形时退孪生比孪生更易于开启。

5 钛合金轧制板材单调加载塑性变形机制

5.1 问题的提出

钛合金的晶体结构与镁合金类似,为密排六方晶系,但与镁合金材料有较大的区别,主要表现在:钛合金中的主导滑移系是棱柱面滑移,临界分解剪切应力 CRSS 通常大于镁合金中的基面主导滑移系,故钛合金的力学性能优于镁合金;轧制板材中,镁合金一般具有较强的基面织构,且晶粒 c 轴由 ND 向 RD 和 TD 的偏转角度差异较小,虽然钛合金通常也表现出较强的基面织构特性,但晶粒 c 轴的取向沿 ND 向 TD 的偏转角度明显大于 RD,并在 ND 向 TD 偏转 $20°\sim40°$ 处出现强度峰值;钛合金中最易开启的孪生系为 $\{10\bar{1}2\}$ 拉伸孪生和 $\{11\bar{2}2\}$ 压缩孪生,但镁合金材料中易开启的孪生系为 $\{10\bar{1}2\}$ 拉伸孪生和 $\{10\bar{1}1\}$ 压缩孪生。综上所述,轧制钛合金板材在主导滑移系、易开启的孪生系及初始取向分布等方面均与镁合金材料具有较大的区别。第 3 章和第 4 章采用 EVPSC-TDT 模型,实现了镁合金材料在 8 种单调加载及沿 RD 压缩-卸载-拉伸的应力应变曲线及织构演化规律的模拟,且 EVPSC-TDT 模型也已经成功应用于镁合金材料扭转、循环加载等加载方式下的塑性变形的模拟[91,146,173],但目前尚未应用 EVPSC-TDT 模型开展关于钛合金塑性变形的数值模拟研究。

本章将基于 M. E. Nixon 等[79]和 M. Knezevic 等[174]关于钛合金轧制板材的大应变单调加载试验,首次应用 EVPSC-TDT 模型开展钛合金塑性变形的数值模拟研究。

5.2 钛合金大应变单调加载试验

M. E. Nixon 等[79]和 M. Knezevic 等[174]对同一种钛合金轧制板材开展了单调加载大应变试验。为了便于描述,分别用 RD、TD 和 ND 表示板材的轧制方向、横向和板材平面法向。RD 和 TD 的拉伸试样如图 5-1 所示,为"哑铃"状试样,总长 63.52 mm,标距为 25.4 mm,宽度为 9.52 mm,厚度为 1.59 mm。ND 拉伸试样为一种特殊的小型试样,如图 5-2 所示。RD、TD 和 ND 的压缩试验均采用圆柱形试样。

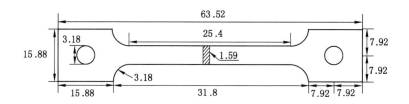

图 5-1　RD 和 TD 的拉伸试样尺寸[79]

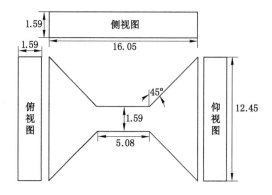

图 5-2　ND 的拉伸试样尺寸[79]

　　RD 和 TD 的拉伸试验采用极限载荷为 5 kN 的试验机开展,利用标距为 25.4 mm 的英斯特朗 G-51-12-A 引伸计采集试样的变形数据。压缩试验采用极限载荷为 100 kN 的试验机开展,采用标距为 12.7 mm 的英斯特朗 G-51-17-A 引伸计采集试样的压缩变形数据。拉伸试验的应变率为 0.001/s,压缩试验的应变率为 −0.001/s。

　　图 5-3 所示为 M. E. Nixon 通过试验得到的真实应力-应变曲线,从图中可以看出:

　　(1) 钛合金板材具有显著的各向异性特征,且拉伸和压缩变形初始阶段,ND 的流动应力最大,其次为 TD,RD 的流动应力最小,但 RD 压缩时的硬化率明显高于其他几种加载方式。

　　(2) 随着变形的逐渐增加,RD-C 的应力逐渐高于 TD-C 和 ND-C。

　　(3) 对比拉伸和压缩的应力-应变曲线还可以看出,钛合金板材也具有较强的拉压不对称性。

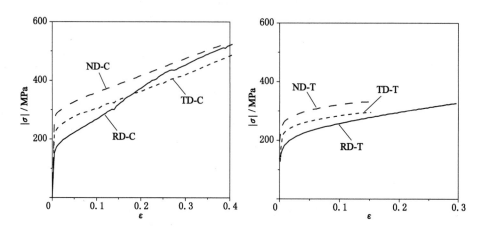

图 5-3　钛合金轧制板材沿 RD、TD 和 ND 单调加载时的应力-应变曲线试验结果

5.3　钛合金大应变单调加载数值模拟方法

5.3.1　数值计算模型的建立

为了研究钛合金轧制板材沿不同方向单调加载的塑性变形机制,基于 EVPSC-TDT 模型的数值计算程序,结合材料的初始织构、不同加载方式的加载条件及各滑移/孪生系的参数,建立了沿不同方向加载的数值计算模型。

（1）初始织构

M. Knezevic 等[174]通过 EBSD 技术得到了试验中镁合金轧制板材的初始织构,在此基础上,随机选取 500 个晶粒取向作为计算中的初始织构,如图 5-4 所示,可以看出,{0001}极图在 ND 向 TD 偏转 20°～40°的位置出现了强度峰值。这种特定的织构形式,与许多学者关于钛合金的织构测试结果一致[58,84,176]。

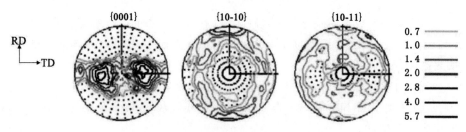

图 5-4　模拟中采用的初始织构示意图[174]

（2）加载条件

图 5-4 所示的初始织构中，板材的 RD、TD 和 ND 即分别为宏观坐标系的 1、2、3 方向。则 RD 加载条件如式（3-5）所示。

根据式（3-5），$\dot{\varepsilon}_{11}$ 与试验中的应变率保持一致，拉伸时，取为 0.001/s，压缩时取为 −0.001/s，其他应变率分量均为未知量；σ_{11} 仍为未知量，其他应力分量均取 0。TD 和 ND 的加载条件设置与 RD 加载相似，宏观应变率张量 **L** 中仅 $\dot{\varepsilon}_{22}$ 或 $\dot{\varepsilon}_{33}$ 为已知量，并与试验结果一致；宏观应力张量 **Σ** 中 σ_{22} 或 σ_{33} 为未知量，其余分量均取 0。

（3）模型参数

与镁合金的模拟类似，本次模拟中同样采用式（2-33）所示的 VOCE 硬化模型及式（2-61）所示的 Affine 线性化方法。参考剪切应变率 $\dot{\gamma}_0$ 的取值将影响各滑移系及孪生系的 CRSS 及硬化参数，但并不会影响模拟结果，因此，$\dot{\gamma}_0$ 的取值与镁合金的模拟保持一致，为 0.001，率相关系数取 $m=0.05$。采用常温下单晶钛的常数，见式（2-79）。

由学者们对钛合金滑移系开启的试验结果可知，常温下可能开启的滑移系为基面滑移 Basal($\{0001\}<11\bar{2}0>$)、棱柱面滑移 Prismatic($\{10\bar{1}0\}<11\bar{2}0>$)、锥面<a>滑移 Pyramidal<a>($\{10\bar{1}1\}<11\bar{2}0>$)及一阶锥面<c+a>滑移 Pyramidal<c+a>($\{10\bar{1}0\}<11\bar{2}3>$)，然而，S. R. Agnew 等[138]认为，Pyramidal<a>滑移引起的塑性变形及织构变化，均可以由 Basal 和 Prismatic 滑移系的组合来等效。为了用较少的参数描述钛合金的塑性大变形行为，模拟中将不考虑 Pyramidal<a>滑移系。此外，M. Knezevic 等[174]指出，试验中并未观测到压缩孪晶。压缩孪生最容易开启的加载方式为 RD 拉伸及 ND 压缩[58]，而 M. Knezevic 并未进行 RD 拉伸时的微观组织测试，同时 ND 压缩仅测试了应变为 0.1 时的取向分布，并不能确定应变大于 0.1 后是否有压缩孪生的开启，因此，模拟中将同时考虑 $\{10\bar{1}2\}$ 拉伸孪生及 $\{11\bar{2}2\}$ 压缩孪生。采用 EVPSC-TDT 数值计算程序，结合试验测试的应力-应变数据，拟合各滑移/孪生系的参数。首先通过 TD 压缩的应力-应变试验数据，确定 Basal 和 Prismatic 滑移系的硬化参数，然后通过 RD 压缩的应力-应变曲线，确定 Pyramidal<c+a>滑移和 $\{10\bar{1}2\}$ 拉伸孪生的硬化参数，最后，通过 ND 压缩的应力-应变曲线，确定 $\{11\bar{2}2\}$ 压缩孪生的参数。参数拟合结果如图 5-5 所示，可以看出，拟合结果与试验结果吻合。模拟得到的各滑移/孪生系的参数如表 5-1 所示，表中，h^{sBa}、h^{sPr}、h^{sPy}、h^{s-Tw1}、h^{s-Tw2} 分别表示 Basal、Prismatic、Prymidal<c+a>、$\{10\bar{1}2\}$ 拉伸孪生和 $\{11\bar{2}2\}$ 压缩孪生对当前 s 滑移/孪生系的潜在硬化系数。由于各滑移系之间的相互作用较复杂且难以定量分析，因此，模拟中忽略各滑移系之间的相互作用,自硬化系数和潜在硬化系数取 1.0。而孪生形成的孪晶界对各滑移系的硬化作用,通过孪生对滑移系的潜在硬化系数实现,如 $h^{\text{Prismatic-Tw1}} = 5.0$。

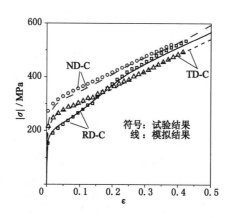

图 5-5 参数拟合时得到的应力-应变曲线与试验结果对比图

表 5-1 钛合金单调加载模拟各滑移系和孪生系的硬化参数

滑移系和孪生系	τ_0/MPa	τ_1/MPa	θ_0/MPa	θ_1/MPa	潜在硬化系数					A_1	A_2
					$h^{s\text{Ba}}$	$h^{s\text{Pr}}$	$h^{s\text{Py}}$	$h^{s\text{-Tw1}}$	$h^{s\text{-Tw2}}$		
Prismatic	30	12	350	43	1.0	1.0	1.0	5.0	1.0		
Basal	97	46	1 800	43	1.0	1.0	1.0	1.0	10.0		
Pyramidal<c+a>	116	34	1 400	140	1.0	1.0	1.0	2.0	8.0		
$\{10\overline{1}2\}$拉伸孪生	126	0	0	0	1.0	1.0	1.0	1.0	1.0	0.25	0.6
$\{11\overline{2}2\}$压缩孪生	148	35	2 000	70	1.0	1.0	1.0	1.0	1.0	0.25	0.6

5.3.2 数值计算方案

根据表 5-1 中各滑移/孪生系的硬化参数,结合 EVPSC-TDT 数值计算程序,进行钛合金沿不同方向单调加载的数值模拟研究,具体的数值计算方案为:

(1)预测沿 RD、TD、ND 单调拉伸的应力-应变曲线,并结合试验结果,对预测结果进行验证;

(2)计算沿 RD、TD 和 ND 单调拉伸和压缩时各滑移/孪生系的开启率,分析各加载方式塑性变形的滑移和孪生机制;

(3)预测沿 RD、TD 和 ND 拉伸和压缩时的织构演化规律,并与试验结果进

行对比,验证 EVPSC-TDT 模型在钛合金单调加载时织构演化规律的预测结果;

(4) 计算 RD、TD 和 ND 单调拉伸和压缩时 $\{10\bar{1}2\}$ 拉伸孪晶及 $\{11\bar{2}2\}$ 压缩孪晶体积分数演化规律,分析加载方向对各孪生变体开启规律的影响。

5.4 加载方向对宏观力学行为的影响

图 5-6 所示为拟合和预测的应力-应变曲线与试验结果的对比图,可以看出,EVPSC-TDT 模型能够准确模拟钛合金的宏观力学行为。图 5-7 分别为 6 种加载方式下的硬化率演化规律,图中横坐标为应力与剪切模量 G(46.7 GPa) 的比值,纵坐标为硬化率与剪切模量 G 的比值。从图中可以看出,模拟结果合理地反映了钛合金试验的硬化率演化规律。钛合金板材沿 RD 单调压缩时(图 5-7),出现了与镁合金相似的 3 个阶段的硬化率演化规律(图 3-17),但钛合金硬化率下降后再次上升的峰值较小。而 RD 单调拉伸的硬化率演化规律与镁合金也较为相似,硬化率快速下降后并逐渐趋于稳定。

各滑移系相对开启率随应变变化的规律如图 5-8 所示,其中,Pyramidal $<$c+a$>$ 表示一阶锥面 Pyramidal$<$c+a$>$ 滑移。图 5-9、图 5-10 分别给出了各加载方式下拉伸和压缩孪生的孪晶体积分数(TVF)的变化规律,可以看出,$\{10\bar{1}2\}$ 拉伸孪生的孪晶体积分数(TVF)的模拟结果与试验结果基本吻合。从图 5-8、图 5-9 和图 5-10 中还可以看出:

(1) RD 压缩时,屈服点处的主导滑移系为 Prismatic,对塑性变形的贡献达到了 80% 以上。随后,$\{10\bar{1}2\}$ 拉伸孪生开启,Prismatic 滑移的开启率逐渐下降,且 Basal 和 Pyramidal$<$c+a$>$ 的开启量缓慢上升,在 $\varepsilon \approx 0.06$ 处,拉伸孪生的开启率达到了峰值,约 20%。随着压缩量的持续增大,$\{10\bar{1}2\}$ 拉伸孪生的开启率保持稳定,孪晶体积分数呈准线性规律增长,同时 Basal 和 Pyramidal 的开启率上升。当 $\varepsilon > 0.15$ 时,拉伸孪生的开启率快速下降,孪晶体积分数 TVF 持续增长但增长速率逐渐减小,且 Basal 和 Pyramidal$<$c+a$>$ 的开启率继续快速上升。加载至 $\varepsilon > 0.24$ 时,$\{10\bar{1}2\}$ 孪晶体积分数 TVF 逐渐趋于稳定,$\{10\bar{1}2\}$ 拉伸孪生和 Prismatic 滑移系的开启率缓慢下降,Basal 和 Pyramidal$<$c+a$>$ 的开启率上升缓慢上升。通过上述开启率变化规律可以看出,与镁合金轧制板材相比,钛合金轧制板材沿 RD 压缩时,$\{10\bar{1}2\}$ 拉伸孪生开启率变化规律较为相似,且两种材料的孪晶体积分数均为先线性增长后逐渐趋于稳定的规律。然而,钛合金轧制板材 RD-C 时的孪晶体积分数最大值仅 60% 左右,但镁合金中的孪晶体积分数最大值高于 80%,且钛合金在 RD-C 的应力-应变曲线并未出现镁合金中显

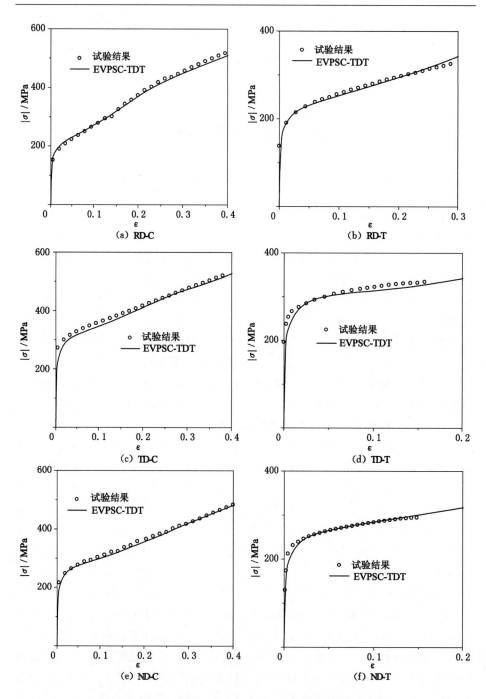

图 5-6　拟合和预测的应力-应变曲线与试验结果的对比图

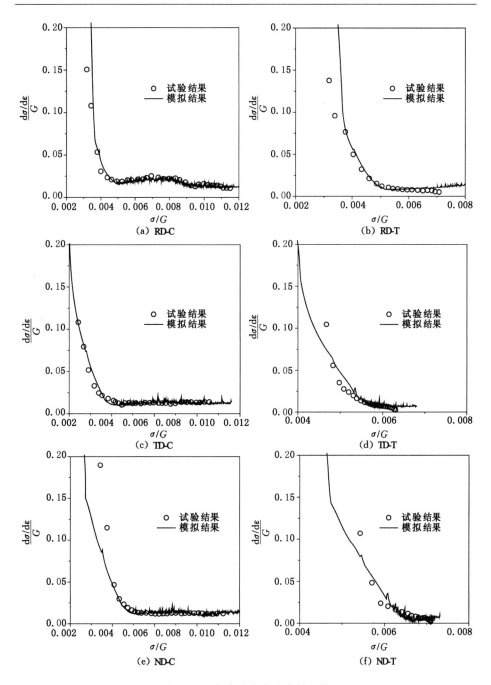

图 5-7 硬化率随应力变化的规律

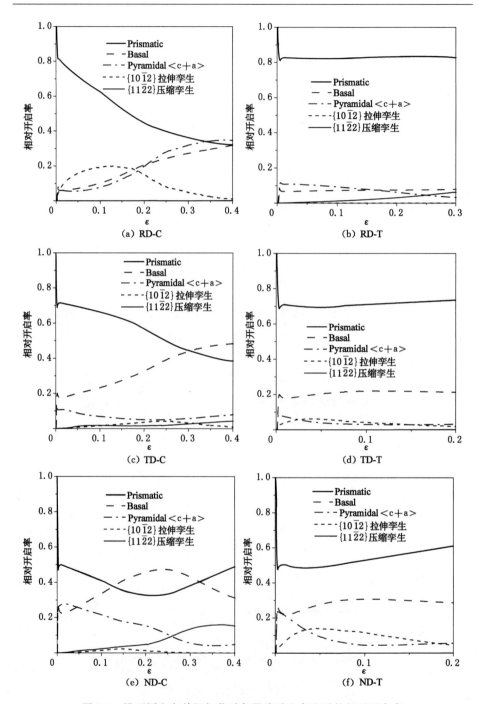

图 5-8　沿不同方向单调加载时各滑移系和孪生系的相对开启率

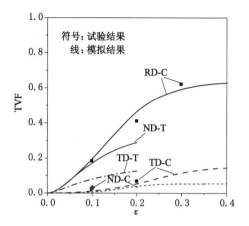

图 5-9 沿不同方向单调加载时$\{10\bar{1}2\}$拉伸孪生的孪晶体积分数演化规律

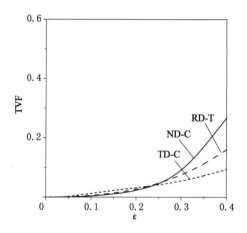

图 5-10 沿不同方向单调加载时$\{11\bar{2}2\}$压缩孪生的孪晶体积分数演化规律

著的"S"形曲线特征,这一现象将在 5.6.2 节中进一步分析。

(2)RD 拉伸时,在应变为 0~0.3 的主导滑移系均为 Prismatic,开启率约为 80%,Basal 滑移的开启率在加载过程中变化较小。当 $\varepsilon > 0.1$ 时,$\{11\bar{2}2\}$压缩孪生开启率缓慢增大,孪晶体积分数逐渐升高,同时,Pyramidal 滑移系的开启量逐渐下降。

(3)TD 压缩时,屈服点处的主导滑移系也是 Prismatic 滑移,但随着应变的增加,Prismatic 滑移系的开启率逐渐下降,Basal 的开启率逐渐上升,当应变大于 0.3 后,Basal 开启率大于 Prismatic,成了主导滑移系。同时,$\{10\bar{1}2\}$拉伸孪生和$\{11\bar{2}2\}$压缩孪生对塑性变形均有一定的贡献,但开启率和孪晶体积分数较低。$\varepsilon=0.2$ 时,$\{10\bar{1}2\}$拉伸孪晶和$\{11\bar{2}2\}$压缩孪晶的体积分数均小于 5%。可以看出,TD-C 时各滑移系和孪生系的开启规律与 RD-C 时有很大的差异,表明钛合金板材具有较明显的面内各向异性。

(4) TD 拉伸时,在 $\varepsilon=0\sim0.2$ 时,主导滑移系依然为 Prismatic 滑移,同时,Basal 滑移对塑性变形有一定的贡献,且两种滑移系的开启率基本保持不变。与 TD 压缩类似,TD-T 中$\{10\bar{1}2\}$拉伸孪生的开启率和孪晶体积分数对塑性变形的影响较小,开启率和孪晶体积分数峰值约 10%,但 TD-T 中$\{11\bar{2}2\}$压缩孪生并未开启。

(5) ND 压缩时,加载初期三种滑移系均有一定程度的开启,且随着压缩量的增加,Prismatic 和 Pyramidal<c+a>滑移的开启率快速下降,但 Basal 的开启率快速上升,且$\{11\bar{2}2\}$压缩孪生缓慢开启;当 $\varepsilon>0.2$ 时,压缩孪生开启率迅速增加,同时 Prismatic 的开启率也快速上升,但 Basal 滑移的相对开启率快速下降。应变增大至约 0.33 时,压缩孪生的开启率逐渐稳定,同时 Pyramidal<c+a>的开启率降至最低后趋于稳定。可以看出,当$\{11\bar{2}2\}$压缩孪生的开启率下降时,Pyramidal<c+a>滑移的开启率上升,当$\{11\bar{2}2\}$压缩孪生的开启率趋于稳定时,Pyramidal<c+a>滑移的开启率也基本保持不变,这样的变化规律说明钛合金板材沿 ND 压缩变形时,$\{11\bar{2}2\}$压缩孪生和 Pyramidal<c+a>滑移相互竞争,协调晶粒沿 c 轴方向的变形。

(6) ND 拉伸时,三种滑移系在屈服点处均有一定程度的开启率,且随着变形量的增加,拉伸孪生开启,同时 Pyramidal<c+a>滑移的开启率快速下降,Basal 和 Prismatic 滑移的开启率缓慢上升;当应变达到 0.04 左右时,拉伸孪生的开启率达到峰值,随后开始缓慢下降,但孪晶体积分数继续保持准线性的规律增加。应变增加至 0.08 后,Pyramidal 开启率下降至最低点后逐渐稳定,Basal 的开启率也基本保持不变。

5.5 加载方向对织构演化规律的影响

图 5-11、图 5-12 和图 5-13 分别给出了 RD、TD 及 ND 压缩时的织构演化规律,图中各等值线的数值见图 5-4,从图中可以看出:

(1) RD 压缩时,随着变形的增加,$\{0001\}$极图中心部位的强度及范围逐渐增大,同时由 ND 朝向 TD 30°~40°处的强度及范围逐渐减小,表明随着压缩量的增加,由于$\{10\bar{1}2\}$拉伸孪生引起的晶格转动,c 轴转至平行于 RD。EVSPC-TDT 的计算结果也得到了这一规律。

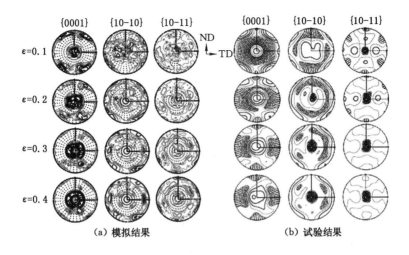

图 5-11 RD 单调压缩时的织构演化规律

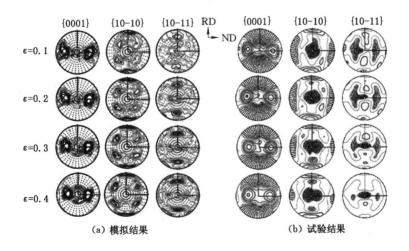

图 5-12 TD 单调压缩时的织构演化规律

（2）TD 压缩时,从模拟结果和试验结果均可以看出,随着变形的增加,{0001}极图在 TD 附近出现了强度峰值,且 ND 的极图强度逐渐减弱,显然,由于{10$\bar{1}$2}拉伸孪生的作用,晶粒 c 轴转动至 TD,但 TD-C 时孪晶量较少,导致 TD-C 时 TD 附近的强度峰值小于 RD-C。

（3）ND 压缩时,随着变形的增加,{0001}极图在 TD 附近的极图强度和范围逐渐增大。当 ε＝0.4 时,{0001}极图在 RD 和 TD 均有一定的分布,EVPSC-

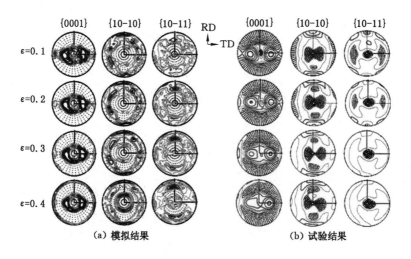

图 5-13　ND 单调压缩时的织构演化规律

TDT 模型的计算结果也具有这样的规律。由图 5-9 所示的 $\{11\bar{2}2\}$ 压缩孪晶体积分数演化规律可以看出，ND-C 时有 $\{11\bar{2}2\}$ 压缩孪生开启，且在 $\varepsilon<0.2$ 时 $\{11\bar{2}2\}$ 孪晶体积分数较小，$\{0001\}$ 极图中在 TD 和 RD 并未出现明显了极图变化，随着变形的持续增大，孪晶体积分数逐渐增大，$\{0001\}$ 极图逐渐在 RD 和 TD 附近的强度和范围也逐渐增大。因此，$\{11\bar{2}2\}$ 压缩孪生是引起 ND-C 时织构演化的主要因素。

　　ND 拉伸也是一种易发生 $\{10\bar{1}2\}$ 拉伸孪生的加载方式，图 5-14 所示为模拟得到的 ND 拉伸的织构演化规律，可以看出，ND 拉伸时的极图分布，与镁合金材料有着一定的区别。镁合金材料中，ND 拉伸时，由于 6 种孪晶变体的 SF 值差别较小，发生孪生后，晶粒 c 轴方向随机分布在 RD-TD 面内[65]。然而，钛合金中，大部分晶粒 c 轴转动至 RD，关于这一现象，将在 5.7 节中进一步讨论。

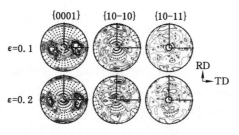

图 5-14　ND 单调拉伸时的织构演化规律

5.6　不同方向单调加载的塑性变形机制

5.6.1　面内各向异性

钛合金的基面织构中,c轴的取向分布沿 ND 向 TD 的偏转角度大于向 RD 的偏转角度,且大部分晶粒 c 轴位于 TD-ND 面内由 ND 向 TD 偏转 30°～40°的范围,导致在面内不同方向加载时,工业钛合金表现出了较明显的各向异性特征,如图 5-3 所示。为了证明钛合金的面内各向异性是由于特殊的初始取向造成的,采用表 5-1 中的参数,对图 5-15 所示的三种织构进行计算。模拟得到的应力-应变曲线如图 5-16 所示,可以看出,当初始织构为随机分布时,钛合金几乎表现出面内各向同性的特征,当初始织构中 c 轴取向在 RD-TD 面内对称性较高时,各向异性也不明显,然而,当初始织构为典型的钛合金轧制板材织构时,表现出了较明显的面内各向异性。上述结果表明钛合金的面内各向异性特征主要是由初始取向分布特征引起的。结合图 5-8 所示的各滑移/孪生系的相对开启率可以看出:

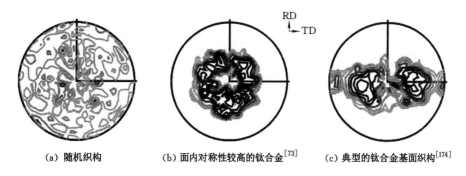

(a) 随机织构　　　(b) 面内对称性较高的钛合金[73]　　　(c) 典型的钛合金基面织构[174]

图 5-15　三种不同的初始织构的{0001}极图

(1) 压缩时,RD-C 加载初期,主导变形机制为 Prismatic 滑移和 $\{10\bar{1}2\}$ 拉伸孪生,而 TD-C 中的主导变形机制为 Prismatic 及 Basal 滑移,且随着变形的增加,Basal 的开启率逐渐上升,导致 TD-C 加载初期的流动应力大于 RD-C。当 RD-C 中孪生开始耗尽时,Basal 及 Pyramidal<c＋a>滑移系的开启率快速上升,RD-C 的硬化率增大(图 5-7),在应变约为 0.18 处,RD-C 的流动应力大于 TD-C。当孪生耗尽后,RD-C 中 Basal 及 Pyramidal<c＋a>的开启率逐渐稳定,硬化率下降,此时,RD-C 与 TD-C 的硬化率接近,两种加载方式下的流动应力差值基本保持不变。

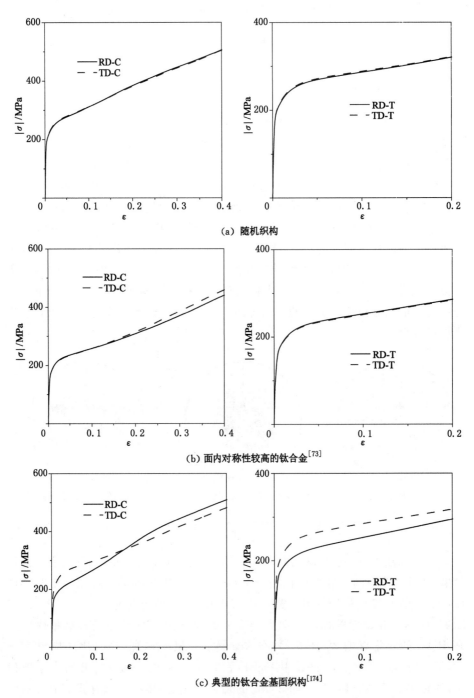

(a) 随机织构

(b) 面内对称性较高的钛合金[73]

(c) 典型的钛合金基面织构[174]

图 5-16 采用三种不同初始织构计算得到的应力-应变曲线

（2）拉伸时，RD-T 中的主导滑移系为 Prismatic，其余变形机制对塑性变形均有一定的贡献，但开启率均小于 10％；TD-T 中虽然主导滑移系也为 Prismatic，但 Basal 的开启率达到 20％左右，导致 TD-T 时的屈服极限及流动应力均高于 RD-T。

综上所述，由于钛合金的特殊基面织构特征，导致在面内不同方向加载时各滑移系及孪生系的开启规律有较大的区别，最终造成较显著的面内各向异性。

5.6.2 拉压不对称性

对于轧制镁合金板材，RD、TD 和 ND 加载时均表现出了显著的拉压不对称性，针对这种现象，许多学者认为这是由$\{10\overline{1}2\}$拉伸孪生引起的[35,65]。面内拉伸时并未发生孪生，主导滑移系为 Basal 和 Prismatic，但压缩时，由于拉伸孪生的发生，加载初期的主导变形机制为 Basal 滑移和$\{10\overline{1}2\}$拉伸孪生，且 CRSS 均比较小，造成压缩时的屈服极限较低。随着变形的增加，硬化率缓慢增加，当孪生开始耗尽时，需要 Pyramidal$<$c＋a$>$滑移协调 c 轴方向的变形，硬化率快速上升后又缓慢下降。因此，可以看出，在面内压缩时，由于$\{10\overline{1}2\}$拉伸孪生的作用，导致应力-应变曲线呈"S"形。

钛合金中，沿 RD、TD 和 ND 加载时均具有拉压不对称性特征，如图 5-17 所示。然而，在加载初期（$\varepsilon<0.1$），RD 和 TD 的拉压不对称性并不显著，仅 ND 具有一定的拉压不对称性。随着变形的增加，RD-C 的硬化率明显高于 RD-T，且 TD 也呈现出了相似的规律，但 TD 拉压不对称性较弱。ND 压缩和拉伸时的硬化率基本保持不变，因此，ND 的拉压不对称性逐渐增强。可以看出，钛合金的拉压不对称性特征与镁合金材料有很大的区别，T. Hama 等[57-58]认为，由于钛合金中孪晶量较少，导致钛合金中的拉压屈服不对称性弱于镁合金。由镁合金 AZ31 轧制板材与钛合金的试验结果对比也可以看出，RD 压缩至应变为 0.1 时，镁合金中的$\{10\overline{1}2\}$拉伸孪生的孪晶体积分数达到了 80％左右[图 3-12(a)]，拉伸与压缩之间的应力差异较大，但钛合金沿 RD 压缩至应变为 0.1 时，$\{10\overline{1}2\}$拉伸孪生的孪晶体积分数仅为 20％（图 5-9），拉压不对称性并不明显。随着变形的增加，钛合金在 RD 压缩时，Basal 和 Pyramidal$<$c＋a$>$滑移系的开启率逐渐增加，一方面，由于潜在硬化系数的作用，导致孪生的开启对 Basal 和 Pyramidal$<$c＋a$>$的硬化率有一定的提升，可认为是由于产生孪晶后的 Hall-Petch 作用[63]；另一方面，由于孪生的开启，部分晶粒发生转动后，更有利于这两种滑移系的开启[35]。由于上述两方面的作用，导致 RD 压缩时的硬化率较高。

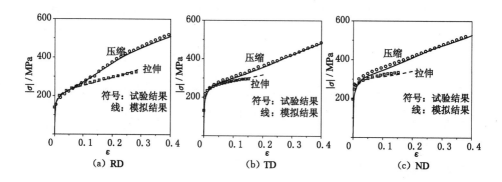

图 5-17　单调拉伸和压缩的应力-应变曲线对比图

TD 加载时，孪晶量小于 RD 加载，且拉压屈服不对称性也较小，表明 T. Hama 假设的合理性。ND 单调加载时，ND-T 中的孪晶体积分数较大，但拉伸时的硬化率却较小，说明孪生的开启引起了材料的"软化"，从图 5-8 中的各滑移/孪生系的相对开启率可以看出，ND 拉伸时，屈服点处孪生已经开启，且随着变形的增加，Pyramidal＜c＋a＞的开启率快速下降，导致硬化率低于 ND-C。综上所述，RD 压缩时，孪生引起 Basal 和 Pyramidal＜c＋a＞开启率的增加，导致硬化率大于拉伸；ND 拉伸时，孪生的开启引起 Pyramidal＜c＋a＞的开启率快速降低，硬化率低于压缩；TD 单调加载时，孪晶体积分数最小，与 RD 和 TD 加载相比，拉压不对称性最不显著。

5.7　加载方向对孪生变体开启规律的影响

由于晶体的对称性特征，$\{10\bar{1}2\}$ 拉伸孪生和 $\{11\bar{2}2\}$ 压缩孪生各有 6 个孪生变体，如表 2-2 所示。在不同的加载方式下，各孪生变体的 SF 值不同。以具有典型基面织构的镁合金轧制板材为例，RD-C 时一般有 1~2 个孪生变体的 SF 值远大于其他孪生变体，然而，ND-T 时 6 个孪生变体的 SF 值差别较小，导致这两种加载方式下孪生变体的开启数量及各变体的体积分数有很大的不同，最终形成两种不同的织构[92]。对于钛合金，RD-C 及 ND-T 加载时容易发生拉伸孪生，RD-T 及 ND-C 加载时压缩孪生容易开启[57-58,79]，因此，有必要对钛合金在上述加载方式下的孪生变体开启规律展开进一步的分析。

结合 3.6.2 节中的计算方法，得到 $\{10\bar{1}2\}$ 拉伸孪生和 $\{11\bar{2}2\}$ 压缩孪生各变体的孪晶体积分数 TVF，分别如图 5-18、图 5-19 所示，将各孪生变体的 SF 值由大到小排列，分别为 T_1、T_2、T_3、T_4、T_5 和 T_6，从图中可以看出：

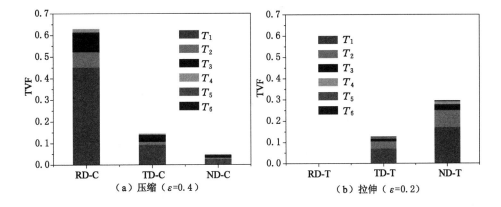

图 5-18　沿不同方向单调加载时的$\{10\bar{1}2\}$拉伸孪生各变体的孪晶体积分数

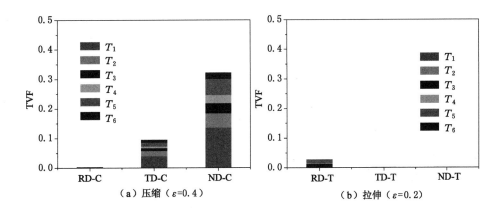

图 5-19　沿不同方向单调加载时的$\{11\bar{2}2\}$拉伸孪生各变体的孪晶体积分数

（1）对于$\{10\bar{1}2\}$拉伸孪生，RD-C 时的变体开启规律与镁合金类似，其中T_2为主导孪生变体，T_2和T_3也有一定的开启量。然而，ND-T 时，虽然 6 种变体均有一定程度的开启，但其中两种变体的体积分数远大于其他变体，与镁合金在 ND-T 中的变体体积分数分布［图 3-15（a）］有一定的区别。同时，通过 ND-T 时的织构演化规律（图 5-14）也可以看出，变形后仅 RD 附近的$\{0001\}$极图强度及范围有一定的增加，进一步验证了钛合金 ND-T 时孪生变体的开启特征。

（2）对于$\{11\bar{2}2\}$压缩孪生，ND-C 时 6 种变体均有不同程度的开启，其中T_1变体的体积分数均大于其余变体。同样，通过此时的织构演化规律（图 5-13）也可以看出,当应变增加到 0.4 时,{0001}极图的强度在 RD-TD 面内均有一定程度的增加,且 RD 附近的增加值大于 TD。

通过上述分析可以发现,TDT 模型可以实现对所有孪生变体的计算。结合织构演化规律的试验结果,证明 TDT 模型可以实现钛合金孪生行为的准确描述。

5.8 TDT 与 PTR 孪生模型的对比

目前,描述多晶体材料塑性变形孪生行为的模型中,应用最为广泛的是由 C. N. Tomé 提出的 PTR 模型[137],仅考虑了每个晶粒中 SF 值最大的孪生变体,当分解剪切应力大于孪生系的 CRSS 时,整个晶粒变为孪晶并产生一定的取向变化。许多学者借助 PTR 模型,对 HCP 材料如镁合金[153]和钛合金[174]塑性变形中的孪生行为及机理进行了相关的研究。然而,本书中采用的 TDT 模型,将孪晶的形成分为形核及扩展两个过程,且对所有的孪生变体进行分析计算,并根据计算得到的孪晶体积分数,生成一个新的晶粒。即能够相对准确地描述孪生形核及扩展两个过程,同时,也可以更加准确地描述材料在孪晶形成之后的取向分布特征。图 5-20 所示为采用 TDT 模型与 PTR 模型计算得到的应力-应变曲线结果对比图,其中,PTR 的结果为 M. Knezevic 等[174]的计算结果,显然,由 TDT 模型计算得到的 6 种加载方式下的应力-应变曲线与试验结果更加吻合,而 M. Knezevic 的结果仅在压缩时得到了较准确的结果,但拉伸时的计算结果与试验结果偏差较大。同时,通过图 5-21 所示的织构演化对比结果也可以看出,TDT 模型对 3 个方向压缩时取向分布特征的模拟与试验结果更接近。

(1) RD 压缩至 $\varepsilon = 0.4$ 时,试验结果中,仍有部分晶粒 c 轴平行于 ND 向 TD 倾斜 20°~40°,TDT 模型的计算结果也得到了这样的特征,但 M. Knezevic 利用 PTR 模型得到的计算结果中显示,几乎所有晶粒 c 轴均转至 RD,与试验结果有一定的差异;

(2) TD 压缩至 $\varepsilon = 0.4$ 时,TDT 模型的计算结果和试验结果均可以看出,部分晶粒的 c 轴指向了 TD-ND 面内 ND 附近,但 M. Knezevic 采用 PTR 模型的计算结果并未得到此特征;

(3) ND 压缩至 $\varepsilon = 0.4$ 时,M. Knezevic 的模拟结果中几乎未发现有晶粒的 c 轴与 RD-TD 面平行,但试验结果与 TDT 模型的计算结果均出现了上述织构特征。

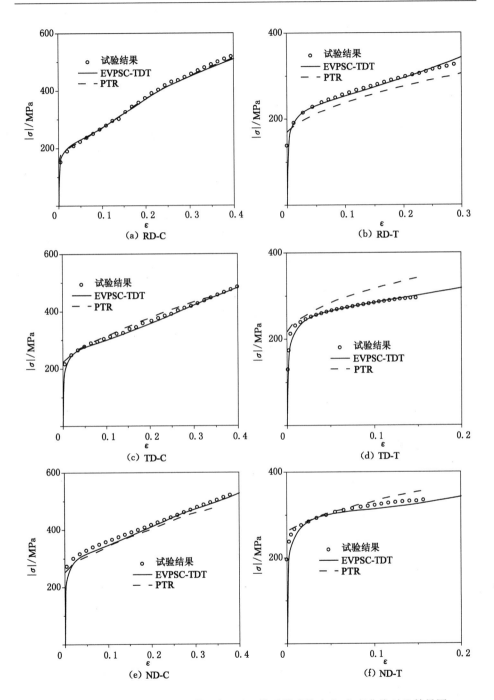

图 5-20 采用 EVPSC-TDT 模型与 PTR 模型得到的应力-应变曲线对比结果图

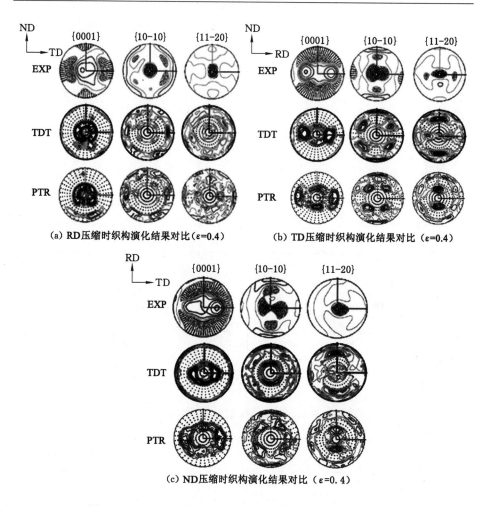

(a) RD压缩时织构演化结果对比（ε=0.4）　　　(b) TD压缩时织构演化结果对比（ε=0.4）

(c) ND压缩时织构演化结果对比（ε=0.4）

图 5-21　TDT 模型与 PTR 模型预测的织构演化结果对比图

5.9　本章小结

（1）基于 EVPSC-TDT 模型的数值计算程序，结合钛合金轧制板材的初始织构、各滑移/孪生面和滑移/孪生方向参数，以及钛合金不同方向单调加载的加载条件，建立了钛合金单调加载的数值计算模型。利用该模型，模拟预测了沿 RD、TD 和 ND 单调拉伸和压缩时的应力-应变曲线、织构演化和孪晶体积分数演化规律。并通过与试验结果的对比，验证了模拟结果的合理性。

（2）结合预测的各滑移/孪生系的开启率、织构演化规律和孪晶体积分数演化规律,系统分析了各方向单调压缩和单调拉伸时的塑性变形机制。

(3)采用同一组参数,结合 3 种不同的初始织构,分析了初始织构对面内各向异性的影响。结果表明,由于钛合金轧制板材的基面织构,沿 RD 和 TD 加载时各滑移/孪生的开启率有较大的差异,从而导致钛合金板材的面内各向异性。

(4)沿 RD、TD 和 ND 单调加载时,变形初期的拉压不对称性并不显著。随着变形的增加,孪生的开启率逐渐增加,对滑移的作用也更加显著,导致在大应变阶段出现了较明显的拉压不对称性。

(5)利用第 3 章中各孪生变体通过 SF 值排序的计算程序,对不同加载方式下 $\{10\bar{1}2\}$ 拉伸孪生和 $\{11\bar{2}2\}$ 压缩孪生各变体的 SF 值进行了排序,并结合预测的各孪生变体的体积分数,得到了排序后孪生变体的体积分数。结果表明,RD 压缩时,有 3 种孪生变体开启,与镁合金材料具有相似的规律;但 ND-T 时仅有 2~3 种孪生变体开启,与镁合金板材有一定区别。

(6)结合 M. Knezevic 采用 PTR 模型的模拟结果,与本章中的模拟预测结果进行了对比,证明 EVPSC-TDT 模型能够更加准确地描述钛合金单调加载的塑性变形行为。

6　钛合金轧制板材加载-卸载-反向加载的塑性变形机制

6.1　问题的提出

镁合金轧制板材一般具有典型的基面织构,沿面内压缩或板厚方向拉伸时, {10$\overline{1}$2}拉伸孪生将作为影响塑性变形的主要机制;当对镁合金施加反向载荷时,将发生退孪生现象[35]。对于同样具有 HCP 晶体结构的钛合金轧制板材,沿板材平面内压缩或板厚方向拉伸时时将产生一定量的{10$\overline{1}$2}拉伸孪晶[79,84,177],且反向加载后也将发生退孪生现象[57-58]。但钛合金中的退孪生行为的研究成果较少,试验方面,仅有 T. Hama 等[57-58]进行了钛合金面内加载-反向加载研究,从宏观应力-应变曲线、硬化率演化、微观组织结构及织构演化几个方面对 TA1 和 TA2 两种钛合金材料进行了分析。T. Hama 等[177]也提出了一种晶体塑性模型,并结合 TA1 板材,从晶体塑性理论的角度对钛合金的变形机理进行了研究。T. Hama 等采用的孪生与退孪生模型,通过晶粒中孪生系的分解剪切应变计算孪晶体积分数,并对相应体积分数的晶粒进行取向变化的处理,与 C. N. Tomé 等[191-192]提出的复合晶粒(CG)模型有一定的相似之处。第 3、4、5 章中采用的 TDT 模型,本质上是对 CG 模型的一种改进,但目前尚未应用于钛合金孪生-退孪生行为的模拟中。

本章将基于文献[57]和文献[58]中关于 TA1 和 TA2 轧制板材单调加载、加载-卸载-反向加载的试验数据,首次应用 EVPSC-TDT 模型,研究钛合金板材加载-卸载-反向加载中的滑移、孪生及退孪生机制。

6.2　钛合金大应变单调加载及加载-卸载-反向加载试验

T. Hama 等[57-58]分别对 TA1 及 TA2 两种钛合金轧制板材开展了沿板材平面内的大应变单调加载及加载-卸载-反向加载试验,采用的压缩试验装置如图 6-1 所示,其中,试样取自厚度为 1 mm 的轧制板材,分别沿轧制方向(RD)、宽度方向(TD)及面内 45°方向(简称为 45°)切割试样,试样方向及尺寸如图 6-2 所示。试验中,由液压泵提供动力,通过装置中的"梳状"模具对试样厚度方向施加 9 MPa 的压力,防止试样失稳;同时,在试样和模具的接触面涂抹二硫化钼,减小试样和模具之间的摩擦力。所有的试验均在试样标距段内粘贴应变片（Kyowa，KFEM 系列），采集试样变形过程中的应变，且当应变达到 5% 左右时，卸载并重新粘贴应变片，进行后续试验。所有的试验均采用位移控制加载速率，初始加载应变率为 $6.67 \times 10^{-4}/s$。

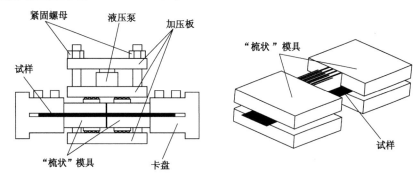

图 6-1　压缩试验装置[57]

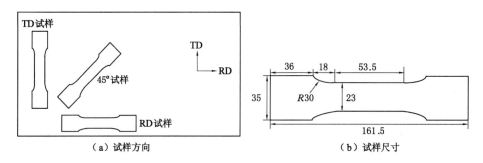

（a）试样方向　　　　　　　　（b）试样尺寸

图 6-2　试样方向及尺寸示意图[57-58]

　　分别进行了沿 RD、TD 和 45°的单调拉伸、单调压缩、拉伸-卸载-压缩和压缩-卸载-拉伸试验。拉伸-卸载-压缩试验中，预拉伸应变分别为 0.05，0.1 及 0.2，反向压缩应变均为 0.15；压缩-卸载-拉伸试验中，预压缩应变分别为 0.05、0.1、0.15，反向拉伸应变均为 0.15。

　　图 6-3 所示为 TA1、TA2 板材沿 RD、TD 和 45°单调拉伸和压缩试验的应力-应变曲线，可以看出，TA2 板材的屈服应力及流动应力大于 TA1 板材，且两种材料均有一定的面内各向异性。TD 拉伸时的屈服极限大于 RD-T，但 RD-T 的硬化率更高，随着变形的增加，RD-T 的流动应力逐渐大于 TD-T，与上一章中 M. E. Nixon[79] 的试验结果具有相似的规律。但 45°-T 和 RD-T 之间的各向异性并不显著。与拉伸变形相似，压缩变形时，45°-C 和 RD-C 之间的应力差异较

小,且 TD 的应力均高于 RD。图 6-4 给出了 RD、TD 和 45°压缩-卸载-拉伸试验的应力-应变曲线,而图 6-5 所示为 RD、TD 和 45°拉伸-卸载-压缩试验的应力-应变曲线,从图中可以看出,随着预变形量的增加,三种方向反向加载时的屈服极限逐渐升高。

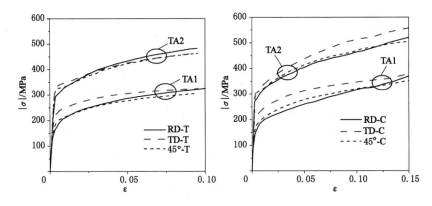

图 6-3　单调加载试验的应力-应变曲线[57-58]

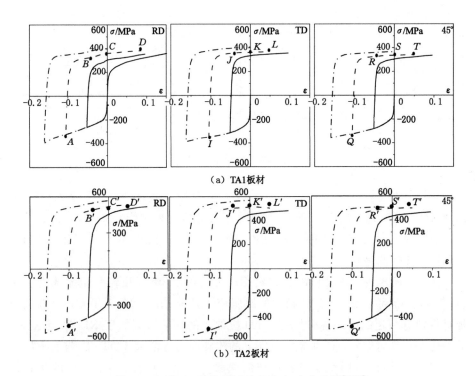

（a）TA1板材

（b）TA2板材

图 6-4　压缩-卸载-拉伸试验的应力-应变曲线[57-58]

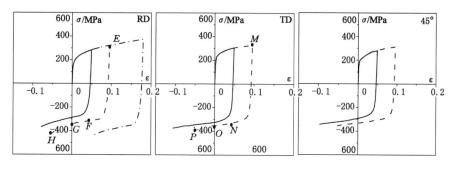

（a）TA1板材

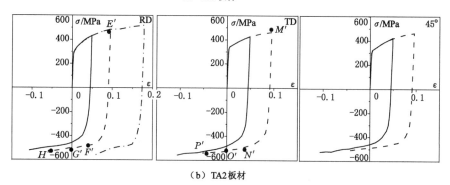

（b）TA2板材

图 6-5　拉伸-卸载-压缩试验的应力-应变曲线[57-58]

6.3　钛合金大应变加载-卸载-反向加载数值模拟方法

6.3.1　数值计算模型

基于 EVSPC-TDT 数值计算程序,结合材料的初始织构、不同加载方式的加载条件及各滑移/孪生系的参数,建立了沿 RD 压缩-卸载-拉伸的数值计算模型。模型中,首先进行预加载变形的计算,当变形量达到设定值后,以更新的各滑移/孪生系的 CRSS 值作为卸载及反向加载的初始值,然后进行卸载及反向加载的计算。

（1）初始织构

在测试得到的初始取向中随机选取 1 000 个取向作为计算的初始织构,如图 6-6 所示。从图中可以看出,TA1 和 TA2 板材均有基本织构特征,TA1 板材的{0001}极图在由 ND 向 TD 倾斜 20°～40°的范围出现了显著的强度峰值,虽然 TA2 板材的{0001}极图也具有该特征,但峰值强度和范围均小于 TA1 板材。

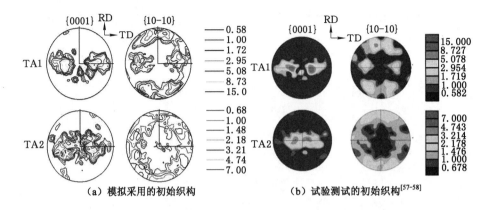

（a）模拟采用的初始织构   （b）试验测试的初始织构[57-58]

图 6-6　TA1 和 TA2 板材的初始织构示意图

（2）加载条件

TA1 和 TA2 板材的初始织构中，板材的 RD、TD 和 ND 即分别为宏观坐标系的 1、2、3 方向，则 RD 压缩-卸载-拉伸的加载条件如式(3-5)所示。

根据式(3-5)，$\dot{\varepsilon}_{11}$ 与试验中的应变率保持一致，拉伸时取为 0.000 67/s，压缩时取为 -0.000 67/s，其他应变率分量均为未知量；σ_{11} 仍为未知量，其他应力分量均取 0。TD 和 ND 加载时的加载条件设置与 RD 加载相似，宏观应变率张量 $\boldsymbol{L}$ 中仅 $\dot{\varepsilon}_{22}$ 或 $\dot{\varepsilon}_{33}$ 为已知量，并与试验结果一致；宏观应力张量 $\boldsymbol{\Sigma}$ 中 σ_{22} 或 σ_{33} 为未知量，其余分量均取 0。

45°加载时，将所有晶粒的初始取向绕 ND 旋转 45°，得到的织构如图 6-7 所示。采用该织构进行 45°方向加载的模拟时，1 方向即为 RD-TD 面内 45°方向。因此可采用式(3-5)所示的加载条件进行 45°方向加载的数值模拟。

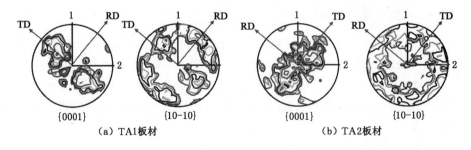

（a）TA1板材   （b）TA2板材

图 6-7　45°加载的模拟中采用的初始织构

（3）模拟参数

模拟中采用与第 5 章中相同的本构关系及硬化模型，其中，所有的滑移系及孪生系的率相关系数 m 均取为 0.05，参考剪切应变率 $\dot{\gamma}_0$ 取为 0.001。所选取的滑移/孪生系也与第 5 章中的模拟一致，分别为 Basal（$\{0001\}<11\bar{2}0>$）、Prismatic（$\{10\bar{1}0\}<11\bar{2}0>$）、Pyramidal$<c+a>$（$\{10\bar{1}1\}<11\bar{2}0>$）、$\{10\bar{1}2\}$ 拉伸孪生及 $\{11\bar{2}2\}$ 压缩孪生。模型中采用室温下钛合金的弹性参数，见式（2-79）。

模拟时，结合 EVPSC-TDT 数值计算程序，首先采用 TD 拉伸的应力-应变曲线，确定 Prismatic 和 Basal 滑移系的硬化参数，然后通过 RD 压缩的应力-应变曲线确定 Pyramidal$<c+a>$滑移系的硬化参数，最后由 RD 拉伸的应力-应变数据确定 $\{11\bar{2}2\}$ 压缩孪生的硬化参数。参数拟合时得到的应力-应变曲线如图 6-8 所示，可以看出，拟合结果与试验结果基本吻合。表 6-1 和表 6-2 为拟合得到的 TA1 及 TA2 中各滑移/孪生系的硬化参数，表中 h^{sBa}、h^{sPr}、h^{sPy}、$h^{s\text{-}Tw1}$、$h^{s\text{-}Tw2}$ 分别表示 Basal、Prismatic、Prymidal$<c+a>$、$\{10\bar{1}2\}$ 拉伸孪生和 $\{11\bar{2}2\}$ 压

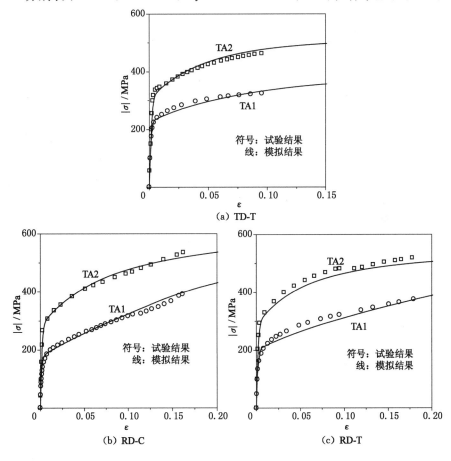

图 6-8　拟合的应力应变曲线与试验结果对比

缩孪生对当前滑移/孪生系的潜在硬化系数。由于 TA2 板材在试验中仅观测到了极少量的孪晶[57]，模拟中不施加对孪晶体积分数的约束，令 $A_1=1$、$A_2=1$。

表 6-1 TA1 板材模拟中各滑移系和孪生系的硬化参数

| 滑移系和孪生系 | τ_0 /MPa | τ_1 /MPa | θ_0 /MPa | θ_1 /MPa | 潜在硬化系数 | | | | | A_1 | A_2 |
					h^{sBa}	h^{sPr}	h^{sPy}	$h^{s\text{-}Tw1}$	$h^{s\text{-}Tw2}$		
Prismatic	55	40	280	15	1.0	1.0	1.0	1.0	1.0		
Basal	115	40	250	15	1.0	1.0	1.0	1.0	10.0		
Pyramidal$<$c$+$a$>$	145	80	350	175	1.0	1.0	1.0	1.0	1.0		
$\{10\bar{1}2\}$拉伸孪生	95	65	320	30	1.0	1.0	1.0	1.0	1.0	0.1	0.3
$\{11\bar{2}2\}$压缩孪生	145	180	280	0	1.0	1.0	1.0	1.0	1.0	0.25	0.4

表 6-2 TA2 板材模拟中各滑移系和孪生系的硬化参数

| 滑移系和孪生系 | τ_0 /MPa | τ_1 /MPa | θ_0 /MPa | θ_1 /MPa | 潜在硬化系数 | | | | | A_1 | A_2 |
					h^{sBa}	h^{sPr}	h^{sPy}	$h^{s\text{-}Tw1}$	$h^{s\text{-}Tw2}$		
Prismatic	88	42	450	15	1.0	1.0	1.0	1.0	1.0		
Basal	158	80	700	0	1.0	1.0	1.0	1.0	10.0		
Pyramidal$<$c$+$a$>$	185	140	1 200	50	1.0	1.0	1.0	1.0	1.0		
$\{10\bar{1}2\}$拉伸孪生	170	125	700	90	1.0	1.0	1.0	1.0	1.0	1.0	1.0
$\{11\bar{2}2\}$压缩孪生	255	95	200	200	1.0	1.0	1.0	1.0	1.0		1.0

6.3.2 数值计算方案

(1) 预测沿 TD 和 45°压缩、45°拉伸的应力-应变曲线，并通过与试验结果的对比，验证模拟参数的合理性。

(2) 预测沿 RD、TD 和 45°单调拉伸及压缩的织构演化规律，并通过与试验结果的对比，验证预测结果。

(3) 计算沿 RD、TD 单调拉伸及压缩时各滑移/孪生系的开启率，分析钛合金板材的面内各向异性及拉压不对称性的变形机制。

(4) 预测沿 RD、TD 和 45°压缩-卸载-拉伸加载的应力-应变曲线及织构演化规律，预压缩量分别为 0.05、0.1 和 0.15。并通过与试验结果的对比，验证模拟结果。

(5) 预测沿 RD、TD 和 45°拉伸-卸载-压缩加载的应力-应变曲线及织构演化规律，并通过与试验结果的对比，验证模拟结果。RD 的预拉伸量分别为

0.05、0.1 和 0.15，TD 和 45°的预拉伸量分别为 0.05 和 0.1。

（6）计算沿 RD、TD 和 45°压缩-卸载-拉伸和拉伸-卸载-压缩加载时各滑移/孪生系的开启率、孪晶体积分数演化规律，分析钛合金板材压缩-卸载-拉伸和拉伸-卸载-压缩加载的塑性变形机制。

6.4 加载路径对应力-应变曲线及织构演化规律的影响

6.4.1 单调加载

（1）应力-应变曲线

图 6-9 所示为用表 6-1、表 6-2 的参数计算得到的应力-应变曲线与试验结果的对比图，结合图 6-8 可以看出，EVPSC-TDT 模型可以较准确地模拟 TA1 和 TA2 两种板材在 RD、TD 和 45°的应力-应变结果。因此，表 6-1 和表 6-2 中的参数的选取是合理的。综上所述，采用同一组硬化参数，EVPSC-TDT 能够同时较准确地模拟面内 3 个方向拉伸和压缩时的应力-应变曲线，再一次证明 EVPSC-TDT 模型可准确描述钛合金单调加载的宏观力学行为。

（2）织构演化规律

图 6-10 及图 6-11 分别给出了 TA1、TA2 板材单调加载时的织构演化规律，图中各极图等值线的强度值与图 6-6 相同。对比模拟与试验结果可看出，EVPSC-TDT 模型能够准确模拟两种材料单调加载时的极图特征及织构演化规律。结合图 6-12、图 6-13 所示的孪晶体积分数演化规律，可以看出：

① TA1 板材中，RD 单调拉伸和压缩时［图 6-10（a）、（b）、（c）和（d）］，{0001}极图在 RD 附近均出现了较弱的峰值，且当应变增加到 0.15 后，c 轴指向 RD 附近的峰值强度及范围增大。EVPSC-TDT 模型的计算结果也具有上述极图特征。与 TA1 板材类似，TA2 板材 RD 单调拉伸和压缩时也在 c 轴指向 RD 附近出现了较弱的峰值，M. E. Nixon 等[79,84]也发现了上述规律。TA1 和 TA2 板材的这种织构演化规律，学者们普遍认为是{10$\bar{1}$2}拉伸孪生的作用。RD 压缩时，{10$\bar{1}$2}拉伸孪生易开启，并引起约 86.3°的晶格转动，导致 c 轴由 ND 向 TD 倾斜 20°～40°将转动至 RD 附近。但 RD 单调拉伸时，加载方向附近出现的{0001}极图峰值的强度及范围均小于压缩阶段，由 T. Hama 等[57-58]的试验结果发现，RD 拉伸时{11$\bar{2}$2}压缩孪生开启，表明上述极图特征是由{11$\bar{2}$2}压缩孪生开启引起的晶格转动造成的。但钛合金板材沿 RD 拉伸时，{11$\bar{2}$2}压缩孪生的施密特因子（SF）大于 RD 压缩时的{10$\bar{1}$2}拉伸孪生[57]，因此{11$\bar{2}$2}压缩孪生的 CRSS 大于{10$\bar{1}$2}拉伸孪生，由表 6-1、表 6-2 中

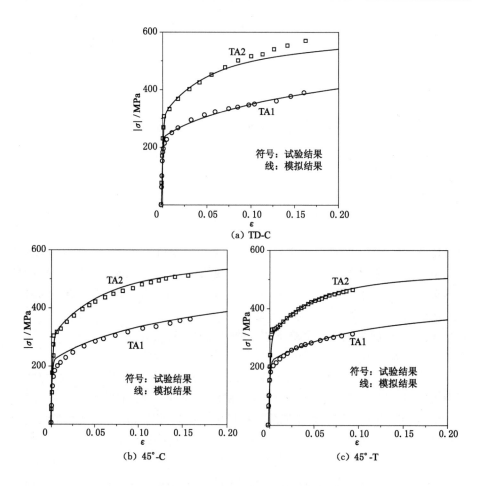

图 6-9　预测的应力-应变曲线与试验结果的对比图

的参数可以看出,拟合得到的参数符合上述规律。

　　② TA1 板材沿 TD 压缩时[图 6-10(e)],(0001)极图变化并不显著,N. Yi 等[58]通过 EBSD 测试得到的取向分布结果中仅观测到了较少量的孪晶,且压缩孪晶较多,同时有少量的拉伸孪晶。由模拟得到的孪晶体积分数(图 6-12)可以看出,EVPSC-TDT 模型也准确地得到了上述规律。TA1 板材 TD 拉伸时[图 6-10(f)],{0001}极图在 RD 附近出现了较弱的峰值,表明有一定的孪晶出现,从试验得到的取向分布图中发现[57],TD-T 至 ε＝0.1 时出现了少量的孪晶,但孪晶量大于 TD-C,且几乎全部为{10$\bar{1}$2}拉伸孪生的孪晶。通过 EVPSC-TDT 模型预测的孪晶体积分数变化规律(图 6-12)可以看出,TD-T 时的孪晶体积分数大于 TD-C,且 TD-T 时压缩孪晶体积分数几乎为 0,与试验结果一致。通过

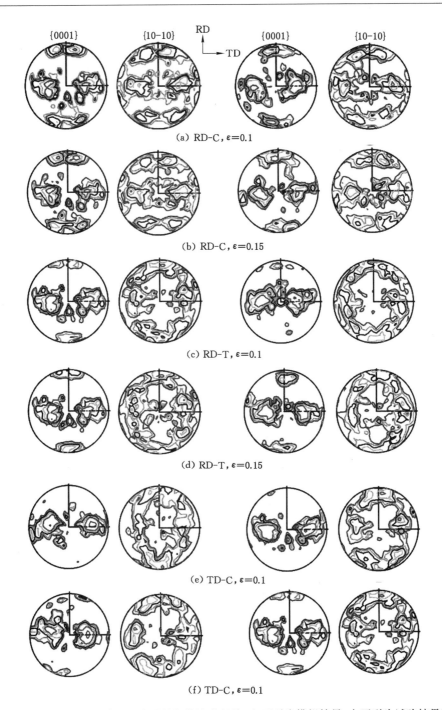

图 6-10 TA1 板材单调压缩时的织构演化规律（左两列为模拟结果，右两列为试验结果）

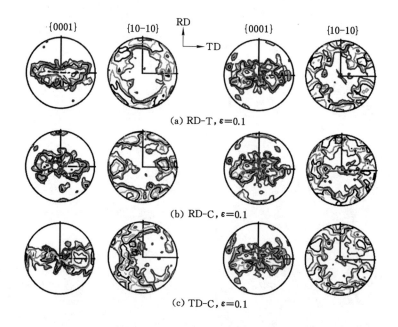

(a) RD-T, ε=0.1

(b) RD-C, ε=0.1

(c) TD-C, ε=0.1

图 6-11　TA2 板材单调压缩时的织构演化规律

（左两列为模拟结果，右两列为试验结果）

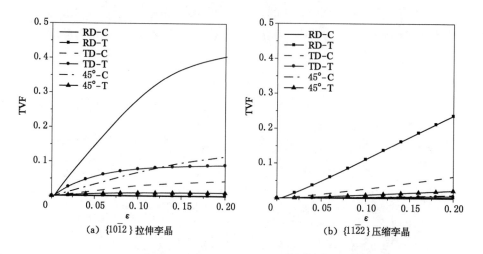

(a) $\{10\bar{1}2\}$ 拉伸孪晶　　　　　　(b) $\{11\bar{2}2\}$ 压缩孪晶

图 6-12　TA1 板材沿不同方向单调加载的孪晶体积分数演化规律

上述分析可以发现，尽管 TA1 板材 TD 加载时孪晶量较少，但 EVPSC-TDT 模型依然准确地预测出了织构演化规律及孪晶体积分数变化规律。

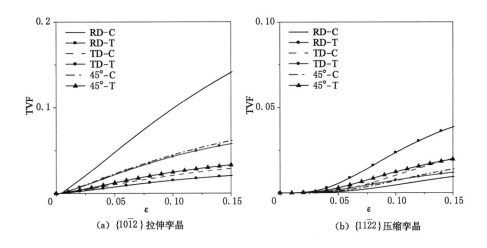

$(a)\ \{10\bar{1}2\}$ 拉伸孪晶　　　　　$(b)\ \{11\bar{2}2\}$ 压缩孪晶

图 6-13　TA2 板材沿不同方向单调加载的孪晶体积分数演化规律

③ 由图 6-12 和图 6-13 可以看出，TA1 板材的孪晶体积分数大于 TA2 板材，且两种材料最易发生 $\{10\bar{1}2\}$ 拉伸孪生的加载方式均为 RD-C，其次为 TD-T 及 45°-C；最易发生 $\{11\bar{2}2\}$ 压缩孪生的加载方式为 RD-T，其次为 TD-C 及 45°-T。

6.4.2　压缩-卸载-拉伸加载

（1）应力-应变曲线

图 6-14 所示为 TA1 和 TA2 板材压缩-卸载-拉伸加载时的应力-应变曲线图，两种材料均给出了预压缩应变分别为 0.05、0.10 及 0.15 时的应力-应变曲线的模拟结果。可以看出，沿 RD、TD 及 45°压缩-卸载-拉伸加载时，随着预压缩应变的增加，反向拉伸时的屈服极限均有所提升。模拟中，所用参数均由单调加载应力-应变曲线拟合得到（表 6-1、表 6-2），因此，反向加载时的计算结果均为预测结果。由图 6-14 可以看出，模拟结果与试验结果较吻合，表明 EVPSC-TDT 模型能够准确地预测 TA1 及 TA2 两种轧制板材沿 RD、TD 及 45°压缩-卸载-拉伸加载的宏观力学行为。

（2）织构演化规律

图 6-15 所示为 TA1 板材沿 RD 进行压缩-卸载-拉伸加载的织构演化规律，图 6-16 所示为 TA2 板材沿 RD 进行压缩-卸载-拉伸加载时的织构演化规律，从图中可以看出，由于 $\{10\bar{1}2\}$ 拉伸孪生的开启，两种材料在 RD 压缩至应变为 0.1 时，$\{0001\}$ 极图在 RD 附近均出现了强度峰值。当卸载后反向拉伸

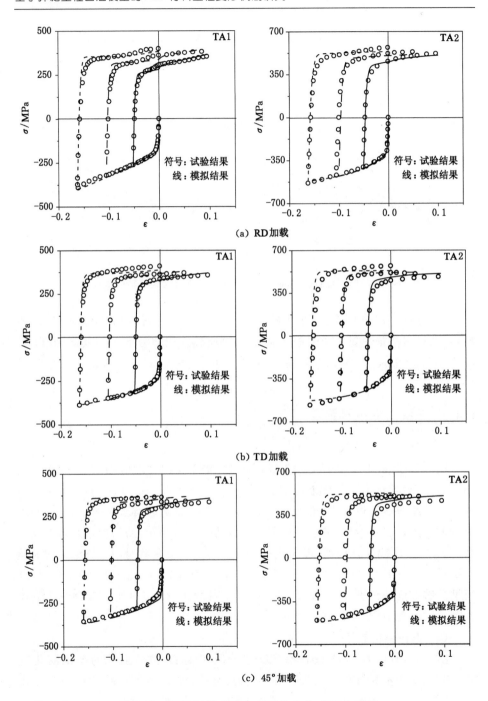

图 6-14　压缩-卸载-拉伸加载时的应力-应变曲线图

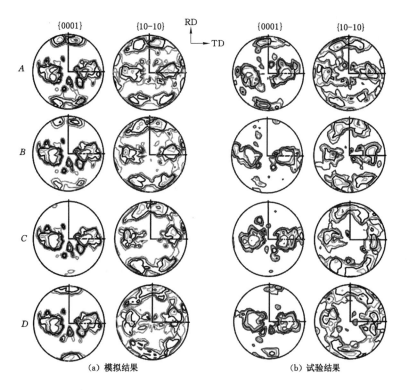

图 6-15　TA1 板材沿 RD 进行压缩-卸载-拉伸加载时的织构演化规律

（图中 A、B、C 和 D 分别为图 6-4 中的 A 点、B 点、C 点和 D 点）

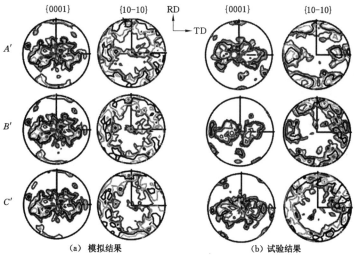

图 6-16　TA2 板材沿 RD 进行压缩-卸载-拉伸加载的织构演化规律

（图中 A′、B′ 和 C′ 分别为图 6-4 中的 A′ 点、B′ 点和 C′ 点）

至 $B(B')$ 点时,极图的峰值强度及范围均有一定的减小,且随着拉伸量的增大,$C(C')$ 点处的 {0001} 极图在 RD 的分布消失;继续拉伸至 D 点后,TA1 板材在 RD 重新出现了 {0001} 极图强度峰值,但 TA2 板材却未出现此 {0001} 极图特征。通过 RD-T 单调拉伸的极图特征可以看出,TA1 板材在 D 点处出现的 {0001} 极图峰值是由 {11$\bar{2}$2} 压缩孪生引起的,但 TA2 板材 RD-T 中 {11$\bar{2}$2} 压缩孪生的孪晶量较少[8],并未引起 {0001} 极图发生明显的变化。上述结果表明,两种板材在压缩-卸载-拉伸加载时,表现出了明显的孪生-退孪生-孪生的过程,且 EVPSC-TDT 模型能够准确地预测两种板材在 RD 进行压缩-卸载-拉伸加载时的织构演化规律。

图 6-17、图 6-18 分别给出了两种板材沿 TD 及 45°进行压缩-卸载-拉伸加

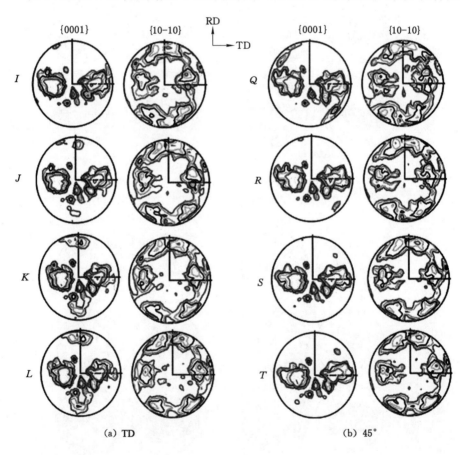

(a) TD
(b) 45°

图 6-17　TA1 板材沿 TD 和 45°进行压缩-卸载-拉伸加载时织构演化规律的预测结果
(图中 I、J、K、L、Q、R、S 和 T 分别为图 6-4 中的 I 点、J 点、K 点、L 点、Q 点、R 点、S 点和 T 点)

载时织构演化规律的预测结果,由于 TA2 板材沿 TD 加载时产生的孪晶量较小(图 6-13),极图中并未出现显著的变化。对于 TA1 板材沿 TD 在预压缩至 I 点时,并未出现明显的极图变化,与 TD 单调压缩[图 6-10(e)]的结果一致。但反向拉伸阶段,{0001}极图在 RD 附近出现了较弱的峰值,且随着拉伸量的增大,RD 附近的极图强度及范围也逐渐增大。由图 6-12 中的孪晶体积分数演化规律可以看出,{11$\bar{2}$2}拉伸孪生的开启引起了极图的上述变化规律。沿 45°预压缩时,{0001}极图在 45°附近出现了峰值,反向压缩至 S 点后,此峰值消失。

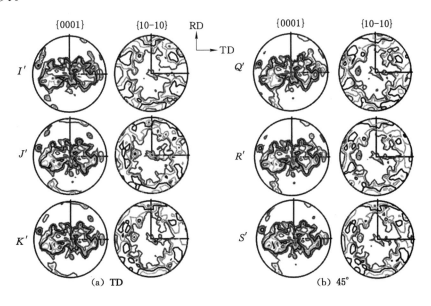

图 6-18　TA2 板材沿 TD 和 45°进行压缩-卸载-拉伸加载时织构演化规律的预测结果
(图中 I'、J'、K'、Q'、R' 和 S' 分别为图 6-4 中的 I' 点、J' 点、K' 点、Q' 点、R' 点和 S' 点)

6.4.3　拉伸-卸载-压缩加载

(1) 应力-应变曲线

图 6-19 所示为 TA1 及 TA2 板材在拉伸-卸载-压缩加载时的应力-应变曲线的模拟结果与试验结果的对比,其中,RD 加载时分别为给出了预拉伸应变为 0.05、0.1 及 0.2 时的应力-应变结果,TD 及 45°加载时,由于材料拉伸极限较低[57-58],仅给出了预拉伸应变为 0.05 和 0.1 时的结果。可以看出,沿 RD、TD 及 45°进行拉伸-卸载-压缩加载时,随着预拉伸应变的增加,反向压缩时的屈服极限均有所提升,与压缩-卸载-拉伸加载具有相似的规律。

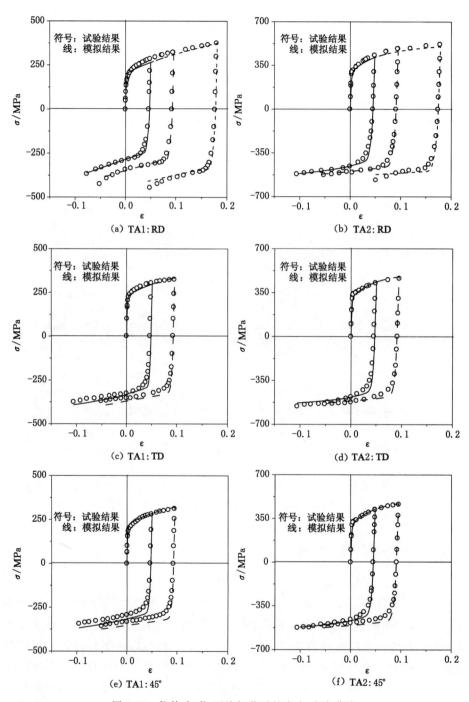

图 6-19 拉伸-卸载-压缩加载时的应力-应变曲线

由模拟结果及试验结果对比可以看出,EVPSC-TDT 模型可以准确地模拟 TA1 及 TA2 两种轧制板材在面内三种加载路径下拉伸-卸载-压缩加载的应力-应变结果。

(2) 织构演化规律

图 6-20 所示为 TA1 板材沿 RD 进行拉伸-卸载-压缩加载时的织构演化规律,图中给出了加载至图 6-5 中 E 点及 H 点时的模拟结果和试验结果,可以看出,拉伸至应变为 0.1 时,{0001}极图在 RD 出现了强度峰值,当反向压缩至 H 点时,RD 附近的极图峰值强度和范围出现了较大幅度的增加。由于单调加载时 RD-C 中{10$\bar{1}$2}拉伸孪生易开启,RD-T 中{11$\bar{2}$2}压缩孪生开启,表明{11$\bar{2}$2}压缩孪生的开启是 H 点处出现极图峰值的主导因素。与压缩-卸载-拉伸加载时的结果一致,EVPSC-TDT 模型可以较准确地得到拉伸-卸载-压缩加载时的织构演化规律。

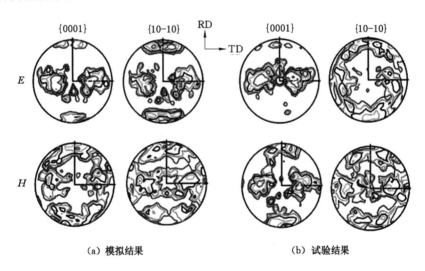

(a) 模拟结果 　　　　　　　　　　　　(b) 试验结果

图 6-20 　TA1 板材沿 RD 进行拉伸-卸载-压缩加载的织构演化规律
(E 和 H 分别为图 6-5 中的 E 点和 H 点)

图 6-21、图 6-22 分别为两种板材沿 RD 和 TD 进行拉伸-卸载-压缩加载时的极图预测结果,可以看出,TA2 板材由于孪生较难开启,拉伸-卸载-压缩加载过程中极图几乎未发生变化。而 TA1 板材沿 RD 进行拉伸-卸载-压缩加载中,E 点处由于{11$\bar{2}$2}压缩孪生的开启造成了{0001}极图在 RD 附近出现了峰值,反向拉伸后,此峰值的强度值由于{11$\bar{2}$2}退孪生的作用而变弱或消失。然而,G 点处 RD 的极图峰值强度及范围大于 F 点,表明反向压缩时有{10$\bar{1}$2}

拉伸孪生的孪晶的形成。根据单调加载时的孪晶体积分数演化规律,RD 压缩时产生的 $\{10\bar{1}2\}$ 拉伸孪生的孪晶体积分数大于拉伸时的 $\{11\bar{2}2\}$ 压缩孪生的体积分数(图 6-12)。因此,通过 $\{11\bar{2}2\}$ 退孪生及 $\{10\bar{1}2\}$ 拉伸孪生的共同作用,形成了 E 点至 F 点的织构演化规律。TD 加载时,由 M 点反向加载至 N 点后,RD 处的 $\{0001\}$ 极图峰值消失,表明反向压缩过程中发生了退孪生的行为,但后续压缩极图并未出现显著的变化,与单调加载时 TD-C 中的织构演化规律相似[图 6-10(e)]。

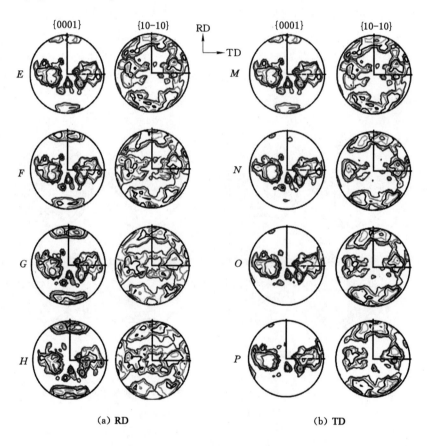

(a) RD   (b) TD

图 6-21　TA1 板材沿 RD 和 TD 进行拉伸-卸载-压缩加载的织构演化规律
(图中 E、F、G、H、M、N、O 和 P 分别为图 6-5 中的
E 点、F 点、G 点、H 点、M 点、N 点、O 点和 P 点)

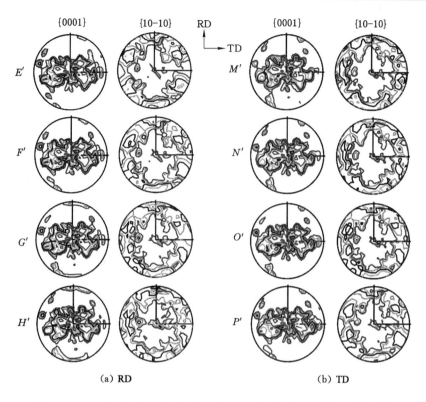

图 6-22 TA2 板材沿 RD 和 TD 进行拉伸-卸载-压缩加载的织构演化规律
（图中 E'、F'、G'、H'、M'、N'、O' 和 P' 分别为图 6-5 中的
E'点、F'点、G'点、H'点、M'点、N'点、O'点和 P'点）

6.5 单调加载的塑性变形机制

图 6-23、图 6-24 分别为 TA1 和 TA2 板材面内压缩和拉伸时的应力-应变曲线对比图，显然，TA2 板材的面内各向异性特征并不明显，但 TA1 板材却具有明显的面内各向异性特征。结合各滑移系及孪生系的开启率（图 6-25、图 6-26）及孪晶体积分数（图 6-12、图 6-13）的变化规律，分析认为：

（1）TA1 板材压缩时，加载初期 TD-C 的流动应力大于 RD-C，但硬化率较小，由各滑移系和孪生系的相对开启率可以看出[图 6-25(a)和图 6-25(c)]，加载初期 TD-C 中的主导滑移系为 Prismatic 和 Basal，且随着变形的增加，Basal 滑移系的开启率逐渐升高，Prismatic 的开启率逐渐下降；而 RD-C 中的主导滑移系为 Prismatic，并有一定量的孪生开启，因此，造成加载初期的面内各向异性的

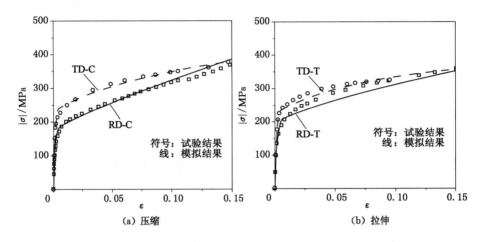

图 6-23　TA1 板材面内单调加载时的应力-应变曲线

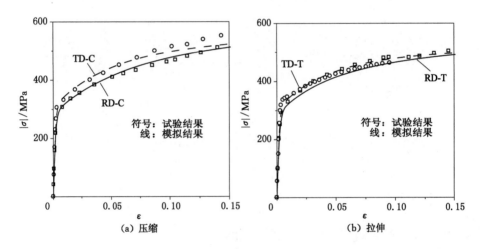

图 6-24　TA2 板材面内单调加载时的应力-应变曲线

主要原因为：RD-C 时孪生易开启，但 TD-C 中 Basal 易开启。随着变形的增加，RD 与 TD 的流动应力差异逐渐减小，当加载至应变为 0.15 左右时，RD-C 的应力大于 TD-C。上述压缩面内各向异性特征，与 M. E. Nixon 等[79] 的试验结果相似，且 N. P. Gurao 等[54,74,84] 在具有相似基面织构特征的钛合金板材面内压缩试验中也发现了此规律。从图 6-25 中还可以看出，RD 压缩时，加载初期主导滑移系为 Prismatic 和 {10$\bar{1}$2} 拉伸孪生，且 Prismatic 滑移系的开启率较大，导致 RD 的流动应力较小。随着变形的增加，Basal 及 Prismatic 滑移的开启率逐渐增大，RD-C 的硬化率高于 TD-C，加载至应变约为 0.15 时，流动应力逐渐大于 TD-C。

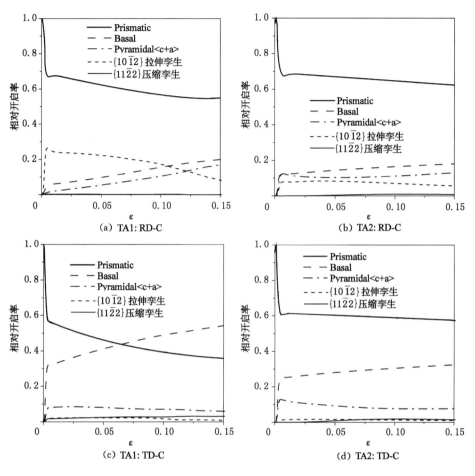

图 6-25　单调压缩时各滑移系及孪生系的相对开启率

综上所述,面内压缩各向异性是由于孪生开启导致 Basal 和 Prismatic 滑移系的开启率增大造成的,与第 5 章中的结论相同。

(2) TA2 板材压缩变形的初始阶段,由于 TD-C 中 Basal 滑移系的开启率较大,导致流动应力大于 RD-C。随着变形的增加,RD-C 与 TD-C 之间的应力差异并未呈现出减小的趋势,与 TA1 板材的试验结果有一定的区别。由各滑移系和孪生系的相对开启率可以看出,RD-C 加载初期,{10$\bar{1}$2}拉伸孪生开启,但其相对开启率仅 10% 左右,且在 ε<0.15 时,各滑移系及孪生系的开启率基本保持不变。{10$\bar{1}$2}拉伸孪生的开启率及体积分数较小,对 Pyramidal<c+a>和 Basal 滑移系的影响较小。通过 T. Hama 等[57-58]由 EBSD 测试得到的取向分布图中也可以看出,RD-C 时的孪晶体积分数较小,对 TA2 板材的晶粒细化及取向的改变作用也较小,导致

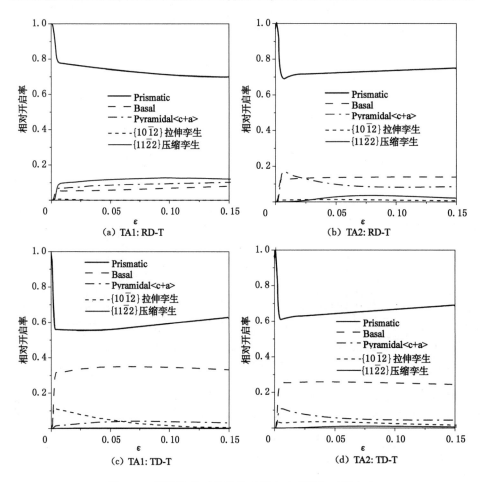

图 6-26　单调拉伸时各滑移系及孪生系的相对开启率

TA2 板材中 RD-C 时并未出现与 TA1 板材相似的规律。

（3）TA1、TA2 板材拉伸时，TD-T 的应力大于 RD-T。结合各滑移/孪生系的相对开启率可以看出，RD-T 的主导滑移系为 Prismatic，并有一定量的 $\{11\bar{2}2\}$ 压缩孪生开启，但 TD-T 的主导滑移系为 Prismatic 和 Basal，且 Basal 的相对开启率约为 RD-T 中 $\{11\bar{2}2\}$ 压缩孪生的开启率的 3 倍，是引起面内拉伸各向异性的主要原因。

通过上述分析发现，面内压缩和拉伸时，两种材料的各向异性均是由 Basal 和孪生的相对开启率不同造成的。TA1 板材压缩时，孪晶体积分数最大，面内各向异性最明显，但 TA2 板材压缩时，孪晶体积分数较小，面内各向异性较弱；TA1 板材拉伸时，孪晶体积分数小于压缩时，面内各向异性较压缩时并不显著。

TA2 板材拉伸时,孪晶体积分数最低,面内各向异性也最不显著。综上所述,孪生是造成钛合金的面内各向异性的主要因素,当孪晶体积分数较大,相对开启率较高时,面内各向异性较强,当孪晶体积分数较小,相对开启率较低时,面内各向异性较弱。

6.6　拉伸-卸载-压缩的塑性变形机制

图 6-27(a)和图 6-27(b)分别为沿 RD 进行拉伸-卸载-压缩加载时各变形模式的相对开启率及孪晶体积分数随累积应变 ε_{acc} 变化的规律。预拉伸和反向压缩阶段,TA1 和 TA2 板材的主导塑性变形模式均为 Prismatic 滑移,Basal 和 Pyramidal<c+a>滑移的相对开启率较小,约 10%～25%。TA1 板材中

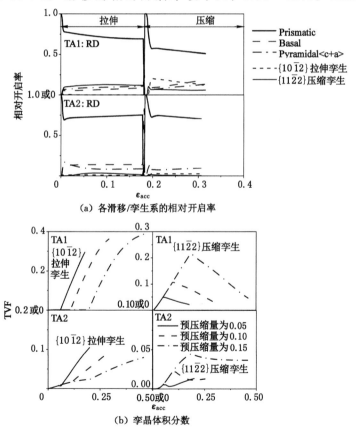

(a) 各滑移/孪生系的相对开启率

(b) 孪晶体积分数

图 6-27　沿 RD 进行拉伸-卸载-压缩加载时预测的各滑移/孪生系的相对开启率和孪晶体积分数随累积应变变化的规律

$\{11\bar{2}2\}$压缩孪生的相对开启率在预拉伸阶段均保持在 15％左右,但反向拉伸阶段下降至约 8％,且$\{10\bar{1}2\}$拉伸孪生开启,反向拉伸初始阶段的开启率达 20％,并随拉伸变形的增加逐渐降低。通过$\{10\bar{1}2\}$拉伸孪生的孪晶体积分数和$\{11\bar{2}2\}$压缩孪生的孪晶体积分数可以看出,反向拉伸阶段,$\{11\bar{2}2\}$压缩孪生的孪晶体积分数逐渐降低,显然是发生了退孪生,但$\{10\bar{1}2\}$拉伸孪生的孪晶体积分数逐渐升高,表明 RD 反向拉伸阶段,$\{10\bar{1}2\}$孪生和$\{11\bar{2}2\}$退孪生共同影响 TA1 板材的塑性变形行为。虽然 TA2 板材在反向拉伸阶段两种孪生的相对开启率非常低,但预测的孪晶体积分数也表现出了与 TA1 板材相似的规律。

图 6-28(a)和图 6-28(b)分别为沿 TD 进行拉伸-卸载-压缩加载时各变形模式的相对开启率及孪晶体积分数随累积应变 ε_{acc} 变化的规律,根据 TD 单调拉伸和单调压缩时各变形模式的相对开启率和孪晶体积分数的演化规律,主导变形

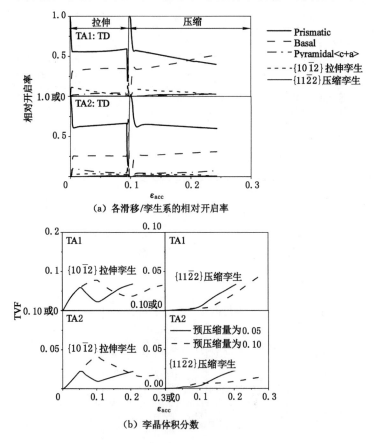

(a) 各滑移/孪生系的相对开启率

(b) 孪晶体积分数

图 6-28　沿 TD 进行拉伸-卸载-压缩加载时预测的各滑移/孪生系的
相对开启率和孪晶体积分数随累积应变变化的规律

模式均为 Prismatic 和 Basal 滑移，$\{10\bar{1}2\}$ 和 $\{11\bar{2}2\}$ 孪生对塑性变形的影响较小。故 TA1 和 TA2 板材在预拉伸和反向压缩阶段的主导变形模式依然为 Prismatic 和 Basal 滑移，$\{10\bar{1}2\}$ 拉伸孪生和 $\{11\bar{2}2\}$ 压缩孪生的开启率及孪晶体积分数较低，对塑性变形的影响较小。尽管 TD 进行拉伸-卸载-压缩加载的孪晶量较小，但 EVPSC-TDT 模型的计算结果仍得到了 $\{10\bar{1}2\}$ 拉伸孪生的孪晶增大后又减小的演化规律，同时，当反向压缩阶段 $\{10\bar{1}2\}$ 拉伸孪生的孪晶体积分数降至最低时，预压缩阶段尚未产生 $\{10\bar{1}2\}$ 拉伸孪生的孪晶的晶粒中，随着压缩量的进一步增大，$\{10\bar{1}2\}$ 拉伸孪生被激活，孪晶体积分数再次上升。

图 6-29(a) 和图 6-29(b) 分别为沿 45° 进行拉伸-卸载-压缩加载时各变形模式的相对开启率及孪晶体积分数随累积应变 ε_{acc} 变化的规律，与 TD 进行拉伸-卸载-压缩加载相似，主导塑性变形模式也是 Prismatic 和 Basal 滑移，且 $\{10\bar{1}2\}$ 拉伸孪生

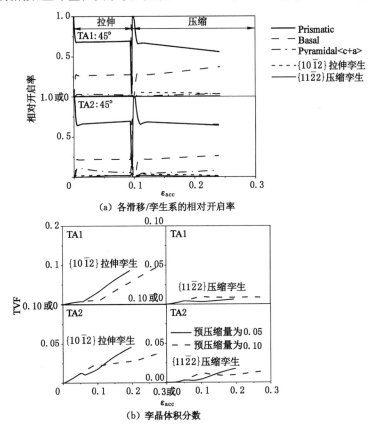

(a) 各滑移/孪生系的相对开启率

(b) 孪晶体积分数

图 6-29　沿 45° 进行拉伸-卸载-压缩加载时预测的各滑移/孪生系的
相对开启率和孪晶体积分数随累积应变变化的规律

和{11$\bar{2}$2}压缩孪生的相对开启率及孪晶体积分数较小,但沿 45°进行拉伸-卸载-压缩加载的孪晶体积分数预测结果中并未出现显著的孪生-退孪生现象。

6.7 压缩-卸载-拉伸的塑性变形机制

图 6-30(a)和图 6-30(b)分别为沿 RD 进行压缩-卸载-拉伸加载时 TA1 和 TA2 板材中各变形模式的相对开启率及孪晶体积分数随累积应变 ε_{acc} 变化的规律,可以看出,预压缩及反向拉伸阶段的主导滑移系均为 Prismatic,但{10$\bar{1}$2}拉伸孪生在 TA1 板材预压缩阶段的相对开启率更高。变形初期达到 26%,压缩至 ε=0.15 时相对开启率逐渐将至约 5%。而 TA2 板材中{10$\bar{1}$2}拉伸孪生的相对开启率保持为 5%~8%。反向拉伸阶段,TA1 板材中{10$\bar{1}$2}拉伸孪生的相对开启率突然升高

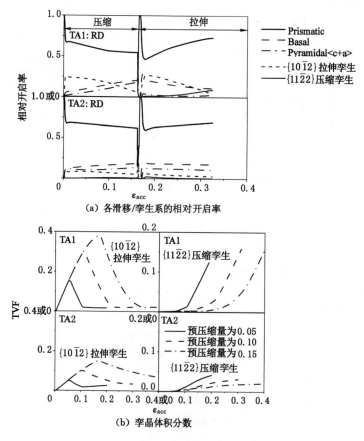

(a) 各滑移/孪生系的相对开启率

(b) 孪晶体积分数

图 6-30 沿 RD 进行压缩-卸载-拉伸加载时预测的各滑移/孪生系的
相对开启率和孪晶体积分数随累积应变变化的规律

至 26% 左右,但此阶段的孪晶体积分数却逐渐降低,显然,反向拉伸初始阶段 $\{10\bar{1}2\}$ 拉伸孪生的相对开启率是退孪生的贡献。然而,TA2 板材反向拉伸时,由于预压缩阶段的孪晶体积分数较小,反向拉伸阶段 $\{10\bar{1}2\}$ 拉伸孪生的相对开启率并未发生显著的变化,但计算结果依然得到了反向拉伸阶段孪晶体积分数下降的特征:随着反向拉伸变形量的增加,$\{10\bar{1}2\}$ 拉伸孪生的孪晶体积分数逐渐降低。N. Yi 等[58]在 EBSD 试验中也观察到了这一规律,表明 EVPSC-TDT 模型可以实现钛合金板材孪生-退孪生行为的模拟。当计算结果中反向拉伸阶段孪晶体积分数降至最低值时,剩余的孪晶体积分数约 2%。而 N. Yi 等在预压缩 10% 后,反向拉伸至 10% 和 20% 应变处均观测到了少量的 $\{10\bar{1}2\}$ 拉伸孪生的孪晶,表明 EVPSC-TDT 模型能够准确预测退孪生结束后的剩余孪晶量。

图 6-31(a)和图 6-31(b)所示为 TA1 和 TA2 板材沿 TD 进行压缩-卸载-拉伸加载时各变形模式的相对开启率及孪晶体积分数随累积应变 ε_{acc} 变化的规律,

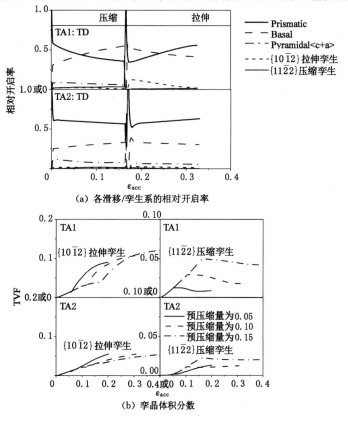

(a) 各滑移/孪生系的相对开启率

(b) 孪晶体积分数

图 6-31 沿 TD 进行压缩-卸载-拉伸加载时预测的各滑移/孪生系的
相对开启率和孪晶体积分数随累积应变变化的规律

可以看出,预压缩和反向拉伸阶段的主导变形模式均为 Prismatic 和 Basal 滑移,{10$\overline{1}$2}拉伸孪生和{11$\overline{2}$2}压缩孪生的相对开启率和孪晶体积分数较小,仅 TA1 板材反向拉伸阶段的{10$\overline{1}$2}拉伸孪生的孪晶体积分数达到了约 10%,其他 3 种情况的孪晶体积分数均小于 5%。图 6-32(a)和图 6-32(b)给出了 TA1 和 TA2 板材沿 45°进行压缩-卸载-拉伸加载时各变形模式的相对开启率及孪晶体积分数演化规律,与 TD 进行压缩-卸载-拉伸加载相似,预压缩和反向拉伸阶段的主导变形模式均为 Prismatic 和 Basal 滑移,Pyramidal<c+a>滑移、{10$\overline{1}$2}拉伸孪生和{11$\overline{2}$2}压缩孪生对塑性变形的贡献较小。虽然沿 TD 和 45°进行压缩-卸载-拉伸加载时的孪晶体积分数较小,但 EVSCP-TDT 模型也得到了 TD 加载时{11$\overline{2}$2}孪生-退孪生行为和 45°加载时的{10$\overline{1}$2}孪生-退孪生行为。

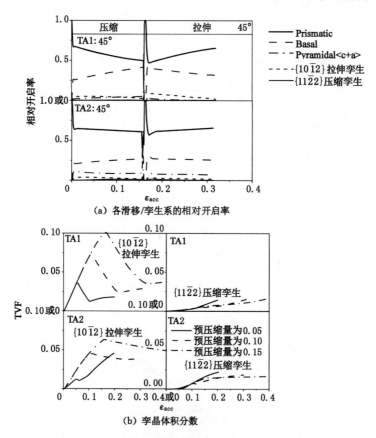

图 6-32　沿 45°进行压缩-卸载-拉伸加载时预测的各滑移/孪生系的相对开启率和孪晶体积分数随累积应变变化的规律

6.8　本章小结

（1）采用与第 5 章相同的方法，建立了钛合金单调加载的数值计算模型。基于该模型，模拟预测了钛合金板材沿 RD、TD 和 45°单调加载的应力-应变曲线、织构演化规律和孪晶体积分数演化规律。并通过与试验结果的对比，再次证明了 EVPSC-TDT 模型可准确描述钛合金单调加载的塑性变形行为。

（2）利用预测的单调加载时各滑移/孪生系的相对开启率及孪晶体积分数演化规律，分析认为孪生是引起钛合金轧制板材面内各向异性的主要因素。当孪晶体积分数较大、相对开启率较高时，面内各向异性较强，当孪晶体积分数较小，相对开启率较低时，面内各向异性较弱。

（3）基于 EVPSC-TDT 的数值计算程序，结合 TA1 和 TA2 板材的初始织构、钛合金中各滑移/孪生面和滑移/孪生方向参数，以及不同方向加载-卸载-反向加载的加载条件，建立了钛合金加载-卸载-反向加载的数值计算程序。利用该程序，模拟预测了沿 RD、TD 和 45°进行拉伸-卸载-压缩和压缩-卸载-拉伸时的应力-应变曲线及织构演化规律。并通过与试验结果的对比，表明 EVPSC-TDT 模型可准确模拟钛合金加载-卸载-反向加载的塑性变形行为。

（4）结合 T. Hama 等对 TA1 板材沿 RD 进行压缩-卸载-拉伸变形过程中的 EBSD 测试结果，对比预测的孪晶体积分数演化规律，发现 EVSPC-TDT 模型可准确描述钛合金在加载-卸载-反向加载中的孪生-退孪生行为。

（5）即使 TA1 板材沿 TD 加载、TA2 板材沿 RD 进行压缩-卸载-拉伸过程中仅观测到了少量的孪晶，但 EVSPC-TDT 模型仍准确地预测这两种情况下的孪生-退孪生行为。

（6）通过预测的各滑移/孪生系的相对开启率及孪晶体积分数演化规律，系统分析了钛合金沿 RD、TD 和 45°进行压缩-卸载-拉伸及拉伸-卸载-压缩塑性变形中的滑移、孪生及退孪生机制。

7 结论与展望

7.1 主要研究结论

基于考虑孪生-退孪生行为的弹黏塑性自洽(EVPSC-TDT)模型,对镁合金和钛合金两种 HCP 金属材料单调加载、加载-卸载-反向加载的塑性变形行为进行了模拟和预测。分别从应力-应变曲线、织构演化规律及孪晶体积分数等方面分析了 EVPSC-TDT 模型对 HCP 材料塑性变形行为的模拟和预测能力。并基于预测的各滑移/孪生系的相对开启率及孪晶体积分数演化规律,系统分析了镁合金和钛合金轧制板材的塑性变形机制。主要结论如下:

(1) 建立了镁合金大应变单调加载的数值计算模型,模拟预测了镁合金 AZ31 轧制板材沿 RD、TD、ND 及 RD-TD 面内 45°方向单调拉伸和压缩的宏观应力-应变曲线、微观织构演化规律和孪晶体积分数演化规律。对比模拟结果与试验结果,证明了 EVPSC-TDT 模型能有效地模拟镁合金沿不同方向单调加载的塑性大变形行为。利用模拟结果,计算得到了各$\{10\bar{1}2\}$拉伸孪生变体按 SF 值排序后的孪晶体积分数,分析了不同加载方式下各$\{10\bar{1}2\}$拉伸孪生变体的开启规律,结果表明 EVPSC-TDT 模型能合理地反映镁合金在不同加载方式下的孪生变体开启规律。

(2) 根据预测的各滑移/孪生系的相对开启率及孪晶体积分数演化规律,研究发现$\{10\bar{1}2\}$拉伸孪生是引起镁合金 AZ31 轧制板材面内压缩各向异性、拉压不对称性的主要原因。基于 EVPSC-TDT 模型预测的孪生耗尽的晶粒数量随应变的变化率,揭示了孪生耗尽与快速硬化之间的关系:当孪生耗尽的晶粒数量随应变的变化率 GQ^{TE} 达到峰值时,宏观硬化率达到峰值;不同的加载方式中,若总孪晶体积分数饱和值相等或相近,加载过程中 GQ^{TE} 越大,硬化率越高,达到峰值时的应变越小。

(3) 开展了镁合金 AZ31 轧制板材沿 RD 进行的大应变压缩-卸载-拉伸试验,得到了预压缩量分别为 0.67%、5% 和 8% 的压缩-卸载-拉伸的应力-应变曲线,并通过 EBSD 技术,测试了压缩-卸载-拉伸过程中的织构演化规律。结果表明,镁合金沿 RD 压缩-卸载-拉伸时,出现了明显的孪晶-退孪晶现象;且随着预压缩应变的增加,反向拉伸阶段的屈服极限逐渐增大。

（4）依据退孪生分解剪切应力 CRSS 值小于孪生的试验分析结果，引入了退孪生 CRSS 的弱化参数 k，改进了 EVPSC-TDT 模型，模拟得到了 3 种预压缩应变下反向拉伸的应力-应变曲线、孪晶体积分数及各滑移/孪生系的相对开启率。结果表明：预压缩应变越大，对基面滑移和 $\{10\bar{1}2\}$ 拉伸孪生的硬化作用越强，反向拉伸屈服应力越高；借助改进后模型得到的反向拉伸屈服应力与试验结果吻合度更好。

（5）基于 EVPSC-TDT 模型的数值计算程序，建立了钛合金单调加载的数值计算模型，模拟并分析了沿 RD、TD 和 ND 单调拉伸和压缩时的应力-应变曲线、织构演化规律和孪晶体积分数演化规律。结合各滑移/孪生系的相对开启率，系统分析了各方向单调压缩和单调拉伸的塑性变形机制。结果表明：由于钛合金轧制板材的基面织构特征，沿 RD 和 TD 加载时各滑移/孪生系的相对开启率有较大的差异，导致了钛合金板材的面内各向异性；而各方向加载时的拉压不对称性，与孪生的开启有着密切的关系，拉压时孪晶体积分数差异越大，拉压不对称性越显著。

（6）模拟得到了钛合金轧制板材沿 RD、TD 及 RD-TD 面内 45°方向单调加载、加载-卸载-反向加载的应力-应变曲线及织构演化规律，模拟结果与试验结果吻合度较高。给出了单调加载的孪晶体积分数演化规律及各滑移/孪生系的相对开启率，结果表明孪生是引起钛合金单调加载面内各向异性的主要原因，孪晶体积分数越大，面内各向异性越显著。分析得到了加载-卸载-反向加载中各滑移/孪生系的相对开启率及孪晶体积分数变化的规律，揭示了压缩-卸载-拉伸及拉伸-卸载-压缩塑性变形中的滑移、孪生及退孪生机制。结果表明：棱柱面滑移是反向加载的主导塑性变形机制；加载-卸载-反向加载的孪晶体积分数演化规律与试验结果的孪生-退孪生行为特征具有较好的印证性。

7.2　研究工作展望

基于 EVPSC-TDT 模型，对镁合金 AZ31 轧制板材单调加载、加载-卸载-反向加载的塑性变形行为和机制进行了系统的研究，但由于时间、精力等方面的限制，尚需在以下方面开展进一步的工作。

（1）镁合金塑性变形中的二次孪生机制

本书第 3 章中，由于时间和条件的限制，数值模拟中并未考虑 $\{10\bar{1}1\}\{10\bar{1}2\}$ 二次孪生的作用，导致沿 ND 压缩时的织构演化规律与试验结果有一定的差异。镁合金中常见的二次孪生有两种，即 $\{10\bar{1}1\}\{10\bar{1}2\}$ 和 $\{10\bar{1}2\}\{10\bar{1}2\}$。然而，TDT 模型中，基体在发生塑性变形时，每个孪生变体产生的孪晶将形成一个新的晶粒,若要在 TDT 模型中加入二次孪晶的计算,则每个孪生变体产生的孪晶将产生新的二次孪晶。以 $\{10\bar{1}2\}\{10\bar{1}2\}$ 二次孪晶为例,当 $\{10\bar{1}2\}$ 一次孪生开启时,TDT 模型将对每个晶粒生成 6 个孪晶,若发生 $\{10\bar{1}2\}\{10\bar{1}2\}$ 二次孪生,则每个孪生变体将再次生成 6 个二次孪晶,则考虑二次孪生时的晶粒数量为仅考虑一次孪生的 36 倍。因此还需对二次孪生进行适当的简化,以减小计算规模,提高计算效率。如二次孪生的计算中,可参考 PTR 模型的简化方式,仅考虑施密特因子最大的二次孪生变体。

(2) 钛合金晶格畸变演化规律的数值模拟

加载中不同晶体取向的弹性晶格应变演化规律是在微观水平上研究塑性机制的一个重要手段。因此,塑性变形机制的研究除了可以从宏观应力-应变曲线和织构演化角度分析外,还可以分析弹性晶格应变数据。目前 EVPSC-TDT 模型已经被成功应用于镁合金材料晶格应变的研究,但由于时间和试验条件的限制,尚未采用 EVPSC-TDT 模型进行钛合金晶格应变的数值模拟。

(3) HCP 材料低周疲劳行为的研究

本书基于 EVPSC-TDT 模型,开展了镁合金和钛合金单调加载、加载-卸载-反向加载塑性变形机制的研究,证明了 EVPSC-TDT 模型可准确地模拟预测这两种 HCP 材料的孪生-退孪生行为。而镁合金和钛合金在低周疲劳变形中,孪生-退孪生将作为影响材料塑性变形的重要机制,但由于时间的原因,本书并未采用 EVSPC-TDT 模型开展镁合金和钛合金材料低周疲劳塑性变形机制的研究。

参 考 文 献

[1] 齐锦刚,王冰,李强,等.金属材料学[M].北京:冶金工业出版社,2012.

[2] 李宏伟.宏细观本构关系数值化及其在有限元模拟中的应用[D].西安:西北工业大学,2007.

[3] 刘庆.镁合金塑性变形机理研究进展[J].金属学报,2010,46(11):1458-1472.

[4] 陈振华.变形镁合金[M].北京:化学工业出版社,2005.

[5] 莱茵斯 C,皮特尔斯 M.钛与钛合金[M].陈振华,等译.北京:化学工业出版社,2005.

[6] YOO M H. Slip, twinning, and fracture in hexagonal close-packed metals [J]. Metallurgical transactions A,1981,12:409-418.

[7] 毛卫民.材料的晶体结构原理[M].北京:冶金工业出版社,2007.

[8] BATTAINI M. Deformation behaviour and twinning mechanisms of commercially pure titanium alloys[D]. Melbourne:Monash University,2008.

[9] 郭晓倩.基于多晶塑性模型的多晶体材料大变形行为研究[D].徐州:中国矿业大学,2015.

[10] OBARA T, YOSHINGA H, MOROZUMI S. $\{11\bar{2}2\}<1123>$ Slip system in magnesium[J]. Acta metallurgica,1973,21(7):845-853.

[11] CHAPUIS A, DRIVER J H. Temperature dependency of slip and twinning in plane strain compressed magnesium single crystals[J]. Acta materialia,2011,59(5):1986-1994.

[12] CHURCHMAN A T. The slip modes of titanium and the effect of purity on their occurrence during tensile deformation of single crystals[J]. Proceedings of the royal society A,1954,226(1165):216-226.

[13] ROSI F D. Mechanism of plastic flow in titanium manifestations and dynamics of glide[J]. JOM,1954,6:58-69.

[14] NAKA S,KUBIN L P,PERRIER C. The plasticity of titanium at low and medium temperatures[J]. Philosophical magazine A,1991,63(5):1035-1043.

[15] WILLIAMS J C,BAGGERLY R G,PATON N E. Deformation behavior

of HCP Ti-Al alloy single crystals[J]. Metallurgical and materials transactions A: physical metallury and materials science, 2002, 33(13): 837-850.

[16] CASS T R. Slip modes and dislocation substructures in titanium and titanium-aluminum single crystals[C]//JAFFEE R I, PROMISEL N E. The science, technology and application of titanium. London: Pergamon Press, 1970:459-477.

[17] PATON N E, BACKOFEN W A. Plastic deformation of titanium at elevated temperatures[J]. Metallurgical transactions, 1970, 1(10):2839-2847.

[18] MINONISHI Y, MOROZUMI S, YOSHINAGA H. $\{11\bar{2}2\}<1123>$ slip in titanium[J]. Scripta metallurgica, 1982, 16(4):427-430.

[19] TAN X L, GU H C, ZHANG S F, et al. Loading mode dependence of deformation microstructure in a high-purity titanium single crystal oriented for difficult glide[J]. Materials science & engineering: A, 1994, 189(1/2):77-84.

[20] GONG J C, WILKINSON A J. Anisotropy in the plastic flow properties of single-crystal α titanium determined from micro-cantilever beams[J]. Acta materialia, 2009, 57(19):5693-5705.

[21] 潘金生,全建民,田民波. 材料科学基础[M]. 北京:清华大学出版社,1998.

[22] NAKA S, LASALMONIE A, COSTA P, et al. The low-temperature plastic deformation of α-titanium and the core structure of a-type screw dislocations[J]. Philosophical magazine A, 1988, 57(5):717-740.

[23] AKHTAR A. Basal slip and twinning in α-titanium single crystals[J]. Metallurgical transactions A, 1975, 6(5):1105-1113.

[24] AKHTAR A, TEGHTSOONIAN E. Prismatic slip in α-titanium single crystals[J]. Metallurgical and materials transactions A, 1975, 6(12):2201-2208.

[25] TANAKA T, CONRAD H. Deformation kinetics for $\{10\bar{1}0\}<11\bar{2}0>$ slip in titanium single crystals below 0.4 Tm[J]. Acta metallurgica, 1972, 20(8):1019-1029.

[26] NUMAKURA H, MINONISHI Y, KOIWA M. $\{\bar{1}\,\bar{1}23\}<10\bar{1}1>$ slip in titanium polycrystals at room temperature[J]. Scripta metallurgica, 1986, 20(11):1581-1586.

[27] SHECHTMAN D, BRANDON D G. Orientation dependent slip in

polycrystalline titanium[J]. Journal of materials science,1973,8(9):1233-1237.

[28] LI H,MASON D E,BIELER T R,et al. Methodology for estimating the critical resolved shear stress ratios of α-phase Ti using EBSD-based trace analysis[J]. Acta materialia,2013,61(20):7555-7567.

[29] POCHETTINO A A,GANNIO N,EDWARDS C V,et al. Texture and pyramidal slip in Ti, Zr and their alloys[J]. Scripta metallurgica et materialia,1992,27(12):1859-1863.

[30] GLAVICIC M G,SALEM A A,SEMIATIN S L. X-ray line-broadening analysis of deformation mechanisms during rolling of commercial-purity titanium[J]. Acta materialia,2004,52(3):647-655.

[31] PHILIPPE M J,SERGHAT M,VAN HOUTTE P,et al. Modelling of texture evolution for materials of hexagonal symmetry—Ⅱ. Application to zirconium and titanium α or near α alloys[J]. Acta metallurgica et materialia,1995,43(4):1619-1630.

[32] ZAEFFERER S. A study of active deformation systems in titanium alloys:dependence on alloy composition and correlation with deformation texture[J]. Materials science & engineering:A,2003,344(1):20-30.

[33] CHRISTIAN J W,MAHAJAN S. Deformation twinning[J]. Progress in materials science,1995,39(1/2):1-157.

[34] RAEISINIA B, AGNEW S R, AKHTAR A. Incorporation of solid solution alloying effects into polycrystal modeling of Mg alloys[J]. Metallurgical and materials transactions A,2011,42(5):1418-1430.

[35] LOU X Y,LI M,BOGER R K,et al. Hardening evolution of AZ31B Mg sheet[J]. International journal of plasticity,2007,23(1):44-86.

[36] AGNEW S R,BROWN D W,TOMÉ C N. Validating a polycrystal model for the elastoplastic response of magnesium alloy AZ31 using in situ neutron diffraction[J]. Acta materialia,2006,54(18):4841-4852.

[37] CLAUSEN B,TOMÉ C N,BROWN D W,et al. Reorientation and stress relaxation due to twinning:modeling and experimental characterization for Mg[J]. Acta materialia,2008,56(11):2456-2468.

[38] KOIKE J. Enhanced deformation mechanisms by anisotropic plasticity in polycrystalline Mg alloys at room temperature[J]. Metallurgical and materials transactions A,2005,36(7):1689-1696.

[39] PARTRIDGE P G. The crystallography and deformation modes of hexagonal close-packed metals[J]. Metallurgical reviews, 1967, 12(1): 169-194.

[40] ANDERSON E A, JILLSON D C, DUNBAR S R. Deformation mechanisms in alpha titanium[J]. Transacion of American institute of mining engineers, 1953, 197: 1191-1197.

[41] ROSI F D, DUBE C A, ALEXANDER B H. Mechanism of plastic flow in titanium-determination of slip and twinning elements[J]. Transacion of American institute of mining engineers, 1953, 197: 257-265.

[42] ROSI F D, PERKINS F C, SEIGLE L L. Mechanism of plastic flow in titanium at low and high temperatures[J]. JOM, 1956, 8(2): 115-122.

[43] LIN X. Twinning behavior in the Ti-5 at. % Al single crystals during cyclic loading along [0001][J]. Materials science & engineering: A, 2005, 394(1): 168-175.

[44] LIN X, UMAKOSHI Y. Cyclic deformation behaviour and saturation bundle structure in Ti-5 at. % Al single crystals deforming by single prism slip[J]. Philosophical magazine, 2003, 83(30): 3407-3426.

[45] SINHA S, GURAO N P. In situ electron backscatter diffraction study of twinning in commercially pure titanium during tension-compression deformation and annealing[J]. Materials and design, 2017, 116: 686-693.

[46] SINHA S, GURAO N P. The role of crystallographic texture on load reversal and low cycle fatigue performance of commercially pure titanium [J]. Materials science & engineering: A, 2017, 691: 100-109.

[47] MULLINS S, PATCHETT B M. Deformation microstructures in titanium sheet metal[J]. Metallurgical transactions A, 1981, 12(5): 853-863.

[48] MURAYAMA Y, OBARA K, IKEDA K. Effect of twinning on the deformation behavior of textured sheets of pure titanium in uniaxial tensile test[J]. Transactions of the Japan institute of metals, 1987, 28(7): 564-578.

[49] SONG S G, GRAY Ⅲ G T. Structural interpretation of the nucleation and growth of deformation twins in Zr and Ti—Ⅰ. Application of the coincidence site lattice (CSL) theory to twinning problems in h. c. p. structures[J]. Acta metallurgica et materialia, 1995, 43(6): 2325-2337.

[50] SONG S G, GRAY Ⅲ G T. Structural interpretation of the nucleation and

growth of deformation twins in Zr and Ti—Ⅱ. Tem study of twin morphology and defect reactions during twinning[J]. Acta metallurgica et materialia,1995,43(6):2339-2350.

[51] CHUN Y B, YU S H, SEMIATIN S L, et al. Effect of deformation twinning on microstructure and texture evolution during cold rolling of CP-titanium[J]. Materials science & engineering: A, 2005, 398 (1/2): 209-219.

[52] STANFORD N, CARLSON U, BARNETT M R. Deformation twinning and the hall-petch relation in commercial purity Ti[J]. Metallurgical and materials transactions A,2008,39(4):934-944.

[53] BOZZOLO N, CHAN L, ROLLETT A D. Misorientations induced by deformation twinning in titanium[J]. Journal of applied crystallography, 2010,43(3):596-602.

[54] GURAO N P, KAPOOR R, SUWAS S. Deformation behaviour of commercially pure titanium at extreme strain rates[J]. Acta materialia, 2011,59(9):3431-3446.

[55] DENG X G, HUI S X, YE W J, et al. Analysis of twinning behavior of pure Ti compressed at different strain rates by Schmid factor [J]. Materials science & engineering:A,2013,575:15-20.

[56] BECKER H, PANTLEON W. Work-hardening stages and deformation mechanism maps during tensile deformation of commercially pure titanium[J]. Computational materials science,2013,76:52-59.

[57] HAMA T,NAGAO H,KOBUKI A,et al. Work-hardening and twinning behaviors in a commercially pure titanium sheet under various loading paths[J]. Materials science & engineering:A,2015,620:390-398.

[58] YI N, HAMA T, KOBUKI A, et al. Anisotropic deformation behavior under various strain paths in commercially pure titanium Grade 1 and Grade 2 sheets[J]. Materials science & engineering:A,2016,655:70-85.

[59] GUO X Q, CHAPUIS A, WU P D, et al. Experimental and numerical investigation of anisotropic and twinning behavior in Mg alloy under uniaxial tension[J]. Materials & design,2016,98:333-343.

[60] GUO X Q,CHAPUIS A,WU P D,et al. On twinning and anisotropy in rolled Mg alloy AZ31 under uniaxial compression [J]. International journal of solids and structures,2015,64-65:42-50.

[61] AGNEW S R, DUYGULU O. A mechanistic understanding of the formability of magnesium: examining the role of temperature on the deformation mechanisms [J]. Materials science forum, 2003, 419-422: 177-188.

[62] AGNEW S R, DUYGULU Ö. Plastic anisotropy and the role of non-basal slip in magnesium alloy AZ31B[J]. International journal of plasticity, 2005,21(6):1161-1193.

[63] BARNETT M R, KESHAVARA Z, BEER A G, et al. Influence of grain size on the compressive deformation of wrought Mg-3Al-/Zn[J]. Acta materialia,2004,52(17):5093-5103.

[64] BARNETT M R, NAVE M D, GHADERI A. Yield point elongation due to twinning in a magnesium alloy [J]. Acta materialia, 2012, 60 (4): 1433-1443.

[65] PARK S H, HONG S G, LEE C S. Activation mode dependent {10-12} twinning characteristics in a polycrystalline magnesium alloy [J]. Scripta materialia,2010,62(4):202-205.

[66] HONG S G, PARK S H, LEE C S. Role of {10-12} twinning characteristics in the deformation behaviour of a polycrystalline magnesium alloy [J]. Acta materialia,2010,58(18):5873-5885.

[67] HONG S G, PARK S H, LEE C S. Strain path dependence of {10-12} twinning activity in a polycrystalline magnesium alloy [J]. Scripta materialia,2010,64(2):145-148.

[68] WU P D, GUO X Q, QIAO H, et al. On the rapid hardening and exhaustion of twinning in magnesium alloy[J]. Acta materialia,2017,122: 369-377.

[69] ARUNACHALAM V S, PATTANAIK S, MONTEIRO S N, et al. The effects of temperature and purity on the second stage of hardening in polycrystalline α-titanium [J]. Metallurgical transactions, 1972, 3 (4): 1009-1011.

[70] GARDE A M, AIGELTINGER E, REED-HILL R E. Relationship between deformation twinning and the stress-strain behavior of polycrystalline titanium and zirconium at 77 K [J]. Metallurgical transactions,1973,4(10):2461-2468.

[71] WU X P, KALIDINDI S R, NECKER C, et al. Modeling anisotropic

stress-strain response and crystallographic texture evolution in α-titanium during large plastic deformation using taylor-type models: influence of initial texture and purity[J]. Metallurgical and materials transactions A, 2008,39(12):3046-3054.

[72] WU X P, KALIDINDI S R, NECKER C, et al. Prediction of crystallographic texture evolution and anisotropic stress-strain curves during large plastic strains in high purity α-titanium using a Taylor-type crystal plasticity model[J]. Acta materialia,2007,55(2):423-432.

[73] WRONSKI M, KUMAR M A, CAPOLUNGO L, et al. Deformation behavior of CP-titanium: experiment and crystal plasticity modeling[J]. Materials science & engineering:A,2018,724:289-297.

[74] BENMHENNI N, BOUVIER S, BRENNER R, et al. Micromechanical modelling of monotonic loading of CP α-Ti: correlation between macroscopic and microscopic behaviour [J]. Materials science & engineering:A,2013,573:222-233.

[75] CHICHILI D R, RAMESH K T, HEMKER K J. The high-strain-rate response of alpha-titanium: experiments, deformation mechanisms and modeling[J]. Acta materialia,1998,46(3):1025-1043.

[76] NEMAT-NASSER S, GUO W G, CHENG J Y. Mechanical properties and deformation mechanisms of a commercially pure titanium [J]. Acta materialia,1999,47(13):3705-3720.

[77] ROTH A, LEBYODKIN M A, LEBEDKINA T A, et al. Mechanisms of anisotropy of mechanical properties of α-titanium in tension conditions [J]. Materials science & engineering:A,2014,596:236-243.

[78] PANDA S, SAHOO S K, DASH A, et al. Orientation dependent mechanical properties of commercially pure (cp) titanium[J]. Materials characterization,2014,98:93-101.

[79] NIXON M E, CAZACU O, LEBENSOHN R A. Anisotropic response of high-purity α-titanium: experimental characterization and constitutive modeling[J]. International journal of plasticity,2010,26(4):516-532.

[80] BARKIA B, DOQUET V, COUZINIÉ J P, et al. In situ monitoring of the deformation mechanisms in titanium with different oxygen contents[J]. Materials science & engineering:A,2015,636:91-102.

[81] TRITSCHLER M, BUTZ A, HELM D, et al. Experimental analysis and

modeling of the anisotropic response of titanium alloy Ti-X for quasi-static loading at room temperature[J]. International journal of material forming,2014,7(3):259-273.

[82] MARCHENKO A, MAZIÈRE M, FOREST S, et al. Crystal plasticity simulation of strain aging phenomena in α-titanium at room temperature [J]. International journal of plasticity,2016,85:1-33.

[83] KAILAS S V, PRASAD Y V R K, BISWAS S K. Influence of initial texture on the microstructural instabilities during compression of commercial α-titanium at 25 ℃ to 400 ℃[J]. Metallurgical and materials transactions A,1994,25(7):1425-1434.

[84] WON J W,PARK K T,HONG S G,et al. Anisotropic yielding behavior of rolling textured high purity titanium [J]. Materials science & engineering:A,2015,637:215-221.

[85] BATTAINI M,PERELOMA E V,DAVIES C H J. Orientation effect on mechanical properties of commercially pure titanium at room temperature [J]. Metallurgical and materials transactions A,2007,38(2):276-285.

[86] SALEM A A, KALIDINDI S R, DOHERTY R D. Strain hardening of titanium:role of deformation twinning[J]. Acta materialia,2003,51(14): 4225-4237.

[87] SALEM A A, KALIDINDI S R, DOHERTY R D. Strain hardening regimes and microstructure evolution during large strain compression of high purity titanium[J]. Scripta materialia,2002,46(6):419-423.

[88] KESHAVAN M K, SARGENT G, CONRAD H. Discussion of "relationship between deformation twinning and the stress-strain behavior of polycrystalline titanium and zirconium at 77 K"[J]. Metallurgical and materials transactions A,1975,6(6):1291-1292.

[89] 娄超,张喜燕,汪润红,等. 退孪晶行为以及{10$\bar{1}$2}孪晶片层结构对镁合金力学性能的影响[J]. 金属学报,2013,49(3):291-296.

[90] HAMA T, KOBUKI A, TAKUDA H, et al. Crystal plasticity finite-element simulation of deformation behavior in a magnesium alloy sheet considering detwinning [J]. Steel research international, 2012, SPL: 1115-1118.

[91] WU W,QIAO H,AN K,et al. Investigation of deformation dynamics in a wrought magnesium alloy[J]. International journal of plasticity,2014,62:

105-120.

[92] HONG S G,PARK S H,HUH Y H,et al. Anisotropy fatigue behavior of rolled Mg-3Al-1Zn alloy[J]. Journal of materials research, 2010, 25: 966-971.

[93] HONG S G, PARK S H, SOO L C. Enhancing the fatigue property of rolled AZ31 magnesium alloy by controlling {10-12} twinning-detwinning characteristics[J]. Journal of materials research,2010,25(4):784-792.

[94] PENG J,ZHOU C Y,DAI Q,et al. Fatigue and ratcheting behaviors of CP-Ti at room temperature[J]. Materials science & engineering:A,2014, 590:329-337.

[95] SHAMSAEI N, GLADSKYI M, PANASOVSKYI K, et al. Multiaxial fatigue of titanium including step loading and load path alteration and sequence effects [J]. International journal of fatigue, 2010, 32 (11): 1862-1874.

[96] OGAWA N, SHIOMI M, OSAKADA K. Forming limit of magnesium alloy at elevated temperatures for precision forging[J]. International journal of machine tools manufacture,2002,42:607-614.

[97] KELLEY E W, HOSFORD W F. The deformation characteristics of textured magnesium [J]. Transactions of the metallurgical society of AIME,1968,242:654-661.

[98] KELLEY E W,HOSFORD W F. Plane-strain compression of magnesium and magnesium alloy crystals [J]. Transactions of the metallurgical society of AIME,1968,242:5-13.

[99] CAZACU O,BARLAT F. A criterion for description of anisotropy and yield differential effects in pressure-insensitive metals[J]. International journal of plasticity,2004,20(11):2027-2045.

[100] CAZACU O, PLUNKETT B, BARLAT F. Orthotropic yield criterion for hexagonal closed packed metals [J]. International journal of plasticity,2006,22:1171-1194.

[101] KIM J,RYOU H,KIM D,et al. Constitutive law for AZ31B Mg alloy sheets and finite element simulation for three-point bending [J]. International journal of mechanical science,2008,50(10/11):1510-1518.

[102] LEE M G,WAGONER R H,LEE J K,et al. Constitutive modeling for anisotropic/asymmetric hardening behavior of magnesium alloy sheets

[J]. International journal of plasticity,2008,24:545-582.

[103] LEE M G,KIM S J,WAGONER R H,et al. Constitutive modeling for anisotropic/asymmetric hardening behavior of magnesium alloy sheets: application to sheet springback[J]. International journal of plasticity, 2009,25(1):70-104.

[104] LI M,LOU X Y,KIM J H,et al. An efficient constitutive model for room-temperature,low-rate plasticity of annealed Mg AZ31B sheet[J]. International journal of plasticity,2010,26(6):820-858.

[105] LI H,WEN M,CHEN G,et al. Constitutive modeling for the anisotropic uniaxial ratcheting behavior of Zircaloy-4 alloy at room temperature[J]. Journal of nuclear materials,2013,443(1/3):152-160.

[106] HOSFORD W F,ALLEN T J. Twinning and directional slip as a cause for a strength differential effect[J]. Metallurgical transactions,1973, 4(5):1424-1425.

[107] PLUNKETT B,CAZACU O,BARLAT F. Orthotropic yield criteria for description of the anisotropy in tension and compression of sheet metals [J]. International journal of plasticity,2008,24(5):847-866.

[108] TAYLOR G I. The mechanism of plastic deformation of crystal Part Ⅰ. theoretical[J]. Proceedings of the royal society,1934,145:362-387.

[109] TAYLOR G I,ELAM C F. The distortion of an aluminum crystal during a tensile test[J]. Proceedings of the royal society,1923,102(719): 643-667.

[110] TAYLOR G I,ELAM C F. The plastic extension of fracture of aluminum crystal[J]. Proceedings of the royal society,1925,108:28-51.

[111] TAYLOR G I. Plastic strain in metals[J]. Journal of the institute of metals,1938,62(1):307-324.

[112] HILL R. Generalized constitutive relations for incremental deformation of metal crystals by multislip[J]. Journal of the mechanics and physics of solids,1966,14(2):95-102.

[113] HILL R,RICE J R. Constitutive analysis of elastic-plastic crystals at arbitrary strain[J]. Journal of the mechanics and physics of solids,1972, 20(6):401-413.

[114] PEIRCE D,ASARO R J,NEEDLEMAN A. An analysis of nonuniform and localized deformation in ductile single crystals [J]. Acta

metallurgica,1982,30(6):1087-1119.

[115] PEIRCE D, ASARO R J, NEEDLEMAN A. Material rate dependence and localized deformation in crystalline solids[J]. Acta metallurgica, 1983,31(12):1951-1976.

[116] SACHS G. Plasticity problems in metals[J]. Transactions of the faraday society,1928,24:84-92.

[117] AHZI S, ASARO R J, PARKS D M. Application of crystal plasticity theory for mechanically processed BSCCO superconductors [J]. Mechanics of materials,1993,15(3):201-222.

[118] 宗巍,毛卫民,朱国辉,等.基于晶体学模型估算单相多晶体材料屈服临界分切应力[J].塑性工程学报,2013,20(6):103-107.

[119] SALEM A A, KALIDINDI S R, SEMIATIN S L. Strain hardening due to deformation twinning in α-titanium:constitutive relations and crystal-plasticity modeling[J]. Acta materialia,2005,53(12):3495-3502.

[120] BRONKHORST C A, KALIDINDI S R, ANAND L. Polycrystalline plasticity and the evolution of crystallographic texture in FCC metals [J]. Philosophical transactions of the royal society of London A: mathematical, physical and engineering sciences, 1992, 341 (1662): 443-477.

[121] WU P D, NEALE K W, VAN DER GIESSEN E. Simulation of the behaviour of FCC polycrystals during reversed torsion[J]. International journal of plasticity,1996,12(9):1199-1219.

[122] 邓运来,张新明,唐建国,等.多晶纯铝轧制变形晶粒局部取向的演变[J]. 金属学报,2005,41(5):477-482.

[123] ASARO R J, NEEDLEMAN A. Overview no. 42 texture development and strain hardening in rate dependent polycrystals [J]. Acta metallurgica,1985,33(6):923-953.

[124] KRÖNER E. Berechnung der elastischen Konstanten des vielkristalls aus den konstanten des einkristalls[J]. Zeitschrift für Physik,1958,151(4):504-518.

[125] BUDIANSKY B, WU T T. Theoretical prediction of plastic strains of polycrystals[D]. Cambridge,Mass. :Harvard University,1961.

[126] ESHELBY J D. The Determination of the elastic field of an ellipsoidal inclusion,and related problems[J]. Proceedings of the royal society of London,1957,241(1226):376-396.

[127] HILL R. Continuum micro-mechanics of elastoplastic polycrystals[J]. Journal of the mechanics and physics of solids,1965,13(2):89-101.

[128] IWAKUMA T,NEMAT-NASSER S. Finite elastic-plastic deformation of polycrystalline metals [J]. Proceedings of the Royal Society of London,series A,mathematical and physical sciences,1984,394(1806): 87-119.

[129] TURNER P A,TOMÉ C N,WOO C H. Self-consistent modelling of nonlinear visco-elastic polycrystals: an approximate scheme[J]. Philosophical magazine A,1994,70(4):689-711.

[130] SINHA S,GHOSH A,GURAO N P. Effect of initial orientation on the tensile properties of commercially pure titanium [J]. Philosophical magazine,2016,96(15):1485-1508.

[131] LEBENSOHN R A,TOMÉ C N. A self-consistent anisotropic approach for the simulation of plastic deformation and texture development of polycrystals: application to zirconium alloys[J]. Acta metallurgica et materialia,1993,41(9):2611-2624.

[132] BEYERLEIN I J,LI S Y,ALEXANDER D J. Modeling the plastic anisotropy in pure copper after one pass of ECAE[J]. Materials science & engineering:A,2005,410-411:201-206.

[133] GU C F,TÓTH L S,LAPOVOK R,et al. Texture evolution and grain refinement of ultrafine-grained copper during micro-extrusion [J]. Philosophical magazine,2011,91(2):263-280.

[134] SERENELLI M J,BERTINETTI M A,SIGNORELLI J W. Study of limit strains for FCC and BCC sheet metal using polycrystal plasticity [J]. International journal of solids and structures, 2011, 48 (7/8): 1109-1119.

[135] JEONG Y,BARLAT F,LEE M G. Application of crystal plasticity to an austenitic stainless steel [J]. Modelling and simulation in materials science and engineering,2012,20(2):1-20.

[136] EYCKENS P,XIE Q G,SIDOR J J,et al. Validation of the texture-based ALAMEL and VPSC models by measured anisotropy of plastic yielding [J]. Materials science forum,2012,702-703:233-236.

[137] TOMÉ C N,LEBENSOHN R A,KOCKS U F. A model for texture development dominated by deformation twinning: application to

zirconium alloys [J]. Acta metallurgica et materialia, 1991, 39 (11):
2667-2680.

[138] AGNEW S R, YOO M H, TOMÉ C N. Application of texture simulation to understanding mechanical behavior of Mg and solid solution alloys containing Li or Y[J]. Acta materialia, 2001, 49(20): 4277-4289.

[139] GLOAGUEN D, OUM G, LEGRAND V, et al. Intergranular strain evolution in titanium during tensile loading: neutron diffraction and polycrystalline model [J]. Metallurgical and materials transactions A, 2015, 46: 5038-5046.

[140] WANG H, WU P D, TOMÉ C N, et al. A finite strain elastic-viscoplastic self-consistent model for polycrystalline materials [J]. Journal of the mechanics and physics of solids, 2010, 58(4): 594-612.

[141] WANG H, WU P D, WANG J, et al. A crystal plasticity model for hexagonal close packed (HCP) crystals including twinning and de-twinning mechanisms[J]. International journal of plasticity, 2013, 49: 36-52.

[142] GUO X Q, WU W, WU P D, et al. On the Swift effect and twinning in a rolled magnesium alloy under free-end torsion[J]. Scripta materialia, 2013, 69(4): 319-322.

[143] GUO X Q, WANG H, QIAO H, et al. Numerical study of the large strain behavior of extruded magnesium alloy AM30 tube by elastic viscoplastic self-consistent model[J]. Materials & design, 2015, 79: 99-105.

[144] HUA X, LV F, QIAO H, et al. The anisotropy and diverse mechanical properties of rolled Mg-3% Al-1% Zn alloy[J]. Materials science — engineering: A, 2014, 618: 523-532.

[145] WANG H M, WU P D, WANG J. Numerical assessment of the role of slip and twinning in magnesium alloy AZ31B during loading path reversal[J]. Metallurgical and materials transactions A, 2015, 46 (7): 3079-3090.

[146] QIAO H, AGNEW S R, WU P D. Modeling twinning and detwinning behavior of Mg alloy ZK60A during monotonic and cyclic loading[J]. International journal of plasticity, 2015, 65: 61-84.

[147] WANG H, WU P D, WANG J. Modeling inelastic behavior of magnesium alloys during cyclic loading-unloading [J]. International

journal of plasticity,2013,47:49-64.

[148] WU W, KE A. Understanding low-cycle fatigue life improvement mechanisms in a pre-twinned magnesium alloy [J]. Journal of alloys and compounds,2016,656:539-550.

[149] QIAO H,GUO X Q,OPPEDAL A L,et al. Twin-induced hardening in extruded Mg alloy AM30[J]. Materials science & engineering:A,2017, 687:17-27.

[150] WANG H, CLAUSEN B, CAPOLUNGO L, et al. Stress and strain relaxation in magnesium AZ31 rolled plate:in-situ neutron measurement and elastic viscoplastic polycrystal modeling[J]. International journal of plasticity,2016,79:275-292.

[151] 辛仁龙,汪炳叔,陈兴品,等. 形变镁合金微观组织与织构的 EBSD 研究 [J]. 电子显微学报,2008,27(6):495-498.

[152] 黄克智. 固体本构关系[M]. 北京:清华大学出版社,1999.

[153] JAIN A, AGNEW S R. Modeling the temperature dependent effect of twinning on the behavior of magnesium alloy AZ31B sheet[J]. Materials science & engineering:A,2007,462(1/2):29-36.

[154] WANG B S,XIN R L,HUANG G J,et al. Effect of crystal orientation on the mechanical properties and strain hardening behaviour of magnesium alloy AZ31 during uniaxial compression[J]. Materials science & engineering:A, 2012,534:588-593.

[155] XIN Y C,WANG M Y,ZENG Z,et al. Strengthening and toughening of magnesium alloy by {10-12} extension twins[J]. Scripta materialia, 2012,66(1):25-28.

[156] SONG B,XIN R L,CHEN G,et al. Improving tensile and compressive properties of magnesium alloy plates by pre-cold rolling [J]. Scripta materialia,2012,66(12):1061-1064.

[157] ZHAO L Y,CHAPUIS A,XIN Y C,et al. VPSC-TDT modeling and texture characterization of the deformation of a Mg-3Al-1Zn plate[J]. Journal of alloys and compounds,2017,710:159-165.

[158] WANG H,RAEISINIA B,WU P D,et al. Evaluation of self-consistent polycrystal plasticity models for magnesium alloy AZ31B sheet [J]. International journal of solids and structures,2010,47(21):2905-2917.

[159] KHAN A S,PANDEY A,GNÄUPEL-HEROLD T,et al. Mechanical

response and texture evolution of AZ31 alloy at large strains for different strain rates and temperatures [J]. International journal of plasticity,2011,27(5):688-706.

[160] JOY D C, NEWBURY D E, DAVIDSON D L. Electron channeling patterns in the scanning electron microscope [J]. Journal of applied physics,1982,53(8):R81-R122.

[161] ADAMS B L, DINGLEY D J, KUNZE K, et al. Orientation imaging microscopy: new possibilities for microstructural investigations using automated BKD analysis [J]. Materials science forum, 1994, 157-162: 31-42.

[162] WRIGHT S I, ADAMS B L. Automatic analysis of electron backscatter diffraction patterns [J]. Metallurgical transactions A, 1992, 23 (3): 759-767.

[163] PARK S H, HONG S G, LEE C S. In-plane anisotropic deformation behavior of rolled Mg-3Al-1Zn alloy by initial {10-12} twins [J]. Materials science & engineering:A,2013,570:149-163.

[164] SARKER D, FRIEDMAN J, CHEN D L. Influence of pre-strain on de-twinning activity in an extruded AM30 magnesium alloy[J]. Materials science & engineering:A,2014,605:73-79.

[165] SARKER D, CHEN D L. Dependence of compressive deformation on pre-strain and loading direction in an extruded magnesium alloy:texture, twinning and de-twinning[J]. Materials science & engineering:A,2014, 596:134-144.

[166] SARKER D, CHEN D L. Detwinning and strain hardening of an extruded magnesium alloy during compression[J]. Scripta materialia, 2012,67:165-168.

[167] LOU C, ZHANG X Y, REN Y. Improved strength and ductility of magnesium alloy below micro-twin lamellar structure [J]. Materials science & engineering:A,2014,614:1-5.

[168] LOU C, ZHANG X Y, WANG R H, et al. Mechanical behavior and microstructural characteristics of magnesium alloy containing {10-12} twin lamellar structure[J]. Journal of materials research,2013,28(5): 733-739.

[169] HE J J, LIU T M, XU S, et al. The effects of compressive pre-

deformation on yield asymmetry in hot-extruded Mg-3Al-1Zn alloy[J]. Materials science & engineering:A,2013,579:1-8.

[170] YIN S M,YANG H J,LI S X,et al. Cyclic deformation behavior of as-extruded Mg-3％Al-1％Zn[J]. Scripta materialia,2008,58(9):751-754.

[171] WU L,AGNEW S R,BROWN D W,et al. Internal stress relaxation and load redistribution during the twinning-detwinning-dominated cyclic deformation of a wrought magnesium alloy,ZK60A[J]. Acta materialia, 2008,56(14):3699-3707.

[172] HAMA T, KITAMURA N, TAKUDA H. Effect of twinning and detwinning on inelastic behavior during unloading in a magnesium alloy sheet[J]. Materials science & engineering:A,2013,583(11):232-241.

[173] WU P D,GUO X Q, QIAO H, et al. A constitutive model of twin nucleation,propagation and growth in magnesium crystals[J]. Materials science & engineering:A,2015,625:140-145.

[174] KNEZEVIC M, LEBENSOHN R A, CAZACU O, et al. Modeling bending of α-titanium with embedded polycrystal plasticity in implicit finite elements [J]. Materials science & engineering: A, 2013, 564: 116-126.

[175] PARK S H,HONG S G,BANG W,et al. Effect of anisotropy on the low-cycle fatigue behaviour of rolled AZ31 magnesium alloy [J]. Materials science & engineering:A,2010,527(3):417-423.

[176] QIN H,JONAS J J,YU H B,et al. Initiation and accommodation of primary twins in high-purity titanium[J]. Acta materialia, 2014, 71: 293-305.

[177] HAMA T,KOBUKI A, TAKUDA H. Crystal-plasticity finite-element analysis of anisotropic deformation behavior in a commercially pure titanium Grade 1 sheet[J]. International journal of plasticity,2017,91: 77-108.

[178] 王自强,段祝平. 塑性细观力学[M]. 北京:科学出版社,1995.

[179] SCHMID E,BOAS W. Plasticity of crystals:with special reference to metals[M]. London:Chapman and Hall,1968.

[180] WANG H,WU P D,TOMÉ C N,et al. A constitutive model of twinning and detwinning for hexagonal close packed polycrystals[J]. Materials science & engineering:A,2012,555:93-98.

[181] ASARO R J,RICE J R. Strain localization in ductile single crystals[J]. Journal of the mechanics and physics of solids,1977,25(5):309-338.

[182] MOLINARI A, AHZI S, KOUDDANE R. On the self-consistent modeling of elastic-plastic behavior of polycrystals[J]. Mechanics of materials,1997,26(1):43-62.

[183] MERCIER S, MOLINARI A. Homogenization of elastic-viscoplastic heterogeneous materials:self-consistent and Mori-Tanaka schemes[J]. International journal of plasticity,2009,25(6):1024-1048.

[184] MOLINARI A,CANOVA G R,AHZI S. A self-consistent approach of the large deformation polycrystal viscoplasticity[J]. Acta metallurgica, 1987,35(12):2983-2994.

[185] MURA T. Micromechanics of defects in solids[M]. 2nd ed. Dordrecht: Martinus-Nijhoff,1978.

[186] WALPOLE L J. On the overall elastic moduli of composite materials[J]. Journal of the mechanics and physics of solids,1969,17(4):235-251.

[187] LEBENSOHN R,SOLAS D,CANOVA G,et al. Modelling damage of Al-Zn-Mg alloys[J]. Acta materialia,1996,44(1):315-325.

[188] HUTCHINSON J W. Elastic-plastic behaviour of polycrystalline metals hardening accounting to Taylor rule[J]. Proceedings of the royal society of London A,1976,319(1537):247-272.

[189] MASSON R,BORNERT M,SUQUET P,et al. An affine formulation for the prediction of the effective properties of nonlinear composites and polycrystals[J]. Journal of the mechanics and physics of solids,2004, 48(6/7):1203-1227.

[190] LEBENSOHN R A, TOMÉ C N, MAUDLIN P J. A self-consistent formulation for the prediction of the anisotropic behavior of viscoplastic polycrystals with voids[J]. Journal of the mechanics and physics of solids,2004,52(2):249-278.

[191] Tomé C N, KASCHNER G C. Modeling texture, twinning and hardening evolution during deformation of hexagonal materials[J]. Materials science forum,2005,495/497:1001-1006.

[192] Proust G,Tomé C N,KASCHNER G C. Modeling texture, twinning and hardening evolution during deformation of hexagonal materials[J]. Acta materialia,2007,55:2137-2148.